理性之美

中小学教师逻辑学手册

林胜强　徐　飞　付　豪　编著

清华大学出版社

北京

图书在版编目 (CIP) 数据

理性之美：中小学教师逻辑学手册 / 林胜强，徐飞，
付豪编著 . -- 北京：清华大学出版社，2025.6.
ISBN 978-7-302-69058-0

Ⅰ. B81-62

中国国家版本馆 CIP 数据核字第 2025FP7790 号

责任编辑：王如月
装帧设计：常雪影
责任校对：王荣静
责任印制：宋　林

出版发行：清华大学出版社
网　　　址：https://www.tup.com.cn，https://www.wqxuetang.com
地　　　址：北京清华大学学研大厦 A 座　　　　　邮　　编：100084
社 总 机：010-83470000　　　　　　　　　　　邮　　购：010-62786544
投稿与读者服务：010-62776969，c-service@tup.tsinghua.edu.cn
质 量 反 馈：010-62772015，zhiliang@tup.tsinghua.edu.cn
印 装 者：河北鹏润印刷有限公司
经　　　销：全国新华书店
开　　本：170mm×240mm　　　印　　张：17　　　字　　数：294 千字
版　　次：2025 年 6 月第 1 版　　　印　　次：2025 年 6 月第 1 次印刷
定　　价：69.00 元

产品编号：087304-01

逻辑，让世界更理性

2019 年，来自数学、哲学、计算机科学、工程学、经济学和认知科学等领域的众多学者和机构联合发出倡议，以 2019 年 1 月 14 日作为第一个世界逻辑日，得到了世界各地的广泛响应。联合国教科文组织于 2019 年 11 月在巴黎举行第 40 次大会，正式将每年的 1 月 14 日定为世界逻辑日。

1 月 14 日在世界逻辑史上是一个值得纪念的日子：1901 年 1 月 14 日塔尔斯基诞生，1978 年 1 月 14 日哥德尔去世，这两位都是人类历史上伟大的逻辑学家。因此以 1 月 14 日作为世界逻辑日具有特别的纪念意义。

在儒略历（凯撒大帝推广的历法，从公元前 45 年一直使用到公元 1582 年，直至现在，有些地方还在使用）中，1 月 14 日是元旦，是新的一年的开始。《大学》曰："苟日新，日日新，又日新。"联合国教科文组织以 1 月 14 日作为世界逻辑日，祈盼人们在新的一年里能够更加理性，从而开启更加美好的新的一年。

人是思考的动物，也是理性的动物。思考离不开逻辑，逻辑更是理性的核心。从这一意义上说，逻辑其实是人之为人的标志性特征。世界逻辑日的确立可以让当下某些狂热追求物质利益的人停下行色匆匆的脚步，冷静地进行更加理性的思考：个体该如何合理化生存，人类该如何开创更加文明的未来？

在逻辑已经得到世界广泛认可的今天，逻辑之于我国的基础教育或近或远、或明或暗、或有或无。为此，我们有必要再次重新认识逻辑的价值和功能。

第一，逻辑之于知识的奠基规范作用。人类知识依据其可靠性可以分为不同的层级：逻辑、数学、自然科学、哲学、经验常识，等等。逻辑在人类知识体系中处于最为基础的地位，任何知识体系一旦逻辑上出了问题，就将大厦倾覆。哥德尔认为，逻辑是一门优先于所有其他科学的科学，它包含所有其他科学的基本观念和原理。严复在译著《穆勒名学》中引用培根的话说："是学为一切法之法，一切学之学。"著名学者王延直也明确提出"吾国人欲程度增高，必自政、学两届始；而欲增高程度，又必自服从真理始；欲服从真理，又必自推求真理始；欲推求真理，又必自研究论理学始。"而论理学即为逻辑学。

第二，逻辑之于社会的良序消歧作用。塔尔斯基认为，逻辑的广泛传播可以积极地加快人类关系的正常化过程。因为，一方面，由于逻辑使概念的意义在其自身范围内精确并一致起来，就使得凡是愿意很好地交流的人们都可能彼此很好地进行沟通；另一方面，由于思想工具的精确化，它使人们更有批判性——因而他们就不大容易被那些似是而非的推论引入歧途。逻辑有助于人们坚定信仰、辨明是非、增进对话、消弥分歧。一个缺乏逻辑的社会容易走向动荡、混乱、不公与争端。只有在逻辑普及的社会中，人们才能幸福、祥和地生活，才会对富有者多一份理解、对贫困者多一份尊重。只有在逻辑普及的社会中，人们才能尊重规则，崇尚道德，敬畏法律。特别是在当下，只有基于逻辑的充分交流，人们才能消除各种暴力：语言的暴力、思想的暴力、行动的暴力……

第三，逻辑之于科学的发轫创新作用。爱因斯坦曾经指出，西方科学的发展是以两个伟大的成就为基础的：古希腊哲学家发明的形式逻辑体系以及有可能找出因果关系的实验方法。可以说，没有逻辑，就没有近代科学的产生，更不可能有科学的飞速发展。改变人类生活的计算机与人工智能，正是以莱布尼兹的"普遍语言""推理演算"这两个伟大的构想为基础的，而"普遍语言"和"推理演算"的具体实现不得不归功于现代逻辑的创立、发展及其诸多重大的奠基性成果的取得。今天，人工智能等新一代科技革命正在逻辑等基础理论根本性推进下高歌猛进，极大改变着人类的生产与生活。

《理性之美：中小学教师逻辑学手册》一书，为逻辑的价值和功能在基础教育这个阶段的具体化做出了努力。据我所知，专门针对中小学教师逻辑学习指导的书籍这还是第一本。适逢中学阶段开设"逻辑与思维"课程，其他如"语文""数学"等学科也涉及相关逻辑思维训练和逻辑思维能力提升的需要，本书的出版正当其时！

林胜强教授长期从事逻辑教育教学与研究，有着丰富的逻辑教育教学经验，致力于基础教育逻辑教育教学的推广。徐飞老师则长期坚守在基础教育逻辑教育教学的第一线，教学经验丰富。付豪正在潜心攻读博士学位，对基础教育逻辑教育教学十分关注，相信本书能够给中小学教师学习逻辑学提供实际的帮助和指导。从书稿看，内容选取合理，案例生动有趣、讲述通俗易懂，适合中小学教师、家长及社会人士阅读。

愿逻辑的光辉照彻世界，愿逻辑的光辉照彻每一个人的内心！愿逻辑越来越社会化，社会越来越逻辑化！愿人们遵循逻辑，澄清各种意见分歧，消除各种暴力纷争！共同推进世界文明进步，共同构建更加理性、祥和的人类社会！

是为序！

中国逻辑学会会长

2024 年 12 月

目录

第 1 章

名门家训的启示
——逻辑与思维

📖【导读】

　　本章是全书的引论，将结合精选案例和分析，引导你的阅读与学习。你将初步了解思维与表达、思维与对象、逻辑与思维之间的关系；了解逻辑学研究的对象究竟是什么？什么是思维形式、思维形式的逻辑结构、思维形式的规则、规律？逻辑学作为一门科学有着怎样的作用或功能；等等。你也有机会在进入饶有兴趣的逻辑空间，开始理性思维的体操之前，试着进行一些自由的思考，为后面的学习预热一下大脑。

📖【关键词】

　　逻辑学的研究对象　思维　思维形式　思维形式的逻辑结构　思维形式的基本规律　逻辑的功能

　　概括地说，人的一生必须做三件事：想问题（thinking）、说话（speaking）和做事情（doing），而不管是想问题（思维）、说话（表达）和做事情（行为）都要讲道理、讲规则。研究行为规则的学科是法学、伦理学等，研究表达的学科主要是语言学、修辞学，而研究思维的学科主要是逻辑学。

【案例】

　　琅琊王氏是我国古代顶级门阀士族，是中古时期中原最具代表性的名门望族，位列晋代四大盛门"王谢袁萧"之首，素有"华夏首望"之美誉。据《二十四史》记载，琅琊王氏家族，先后培养出35个宰相、36个皇后和36个驸马。而使琅琊王氏家族成为"天下第一豪族"的一条家训竟然是"言宜慢，心宜善"这6个字。

【分析】

　　（1）我们知道，"言"即言语、说话，"心"即心灵、思考、思维。"言宜慢，心宜善"就是思维和语言表达需要遵循的原则。

　　（2）当我们进一步深入思考的时候，"言宜慢，心宜善"这6字家训总觉得缺了点儿什么呢？除了"言"和"心"之外，还有行为、举止，即所谓的"行"呢？想一想：如果我们要把上述6字家训改为9字家训，最好加上"行宜（　　　）"

不就更加完美了吗？

你认为表达、行为、思维三者谁更重要？

①表达更重要？因为思考看不见，摸不着，不能很好地表达出来就没有用，就不能付诸行动。

②行为更重要？无论想得多么妙，表达得多么好，如果不能付诸行动，都达不到应有的效果。

③思维更重要？"言为心声"，只有想明白了，才能表达清楚；"思想支配行动"，人的行为往往都受思想的制约，有什么样的思想，就会导致什么样的行为。

1.1 什么容器能装万能溶液——逻辑：关于思维的科学

曾经，"知识就是力量"的口号激励过一代又一代的年轻人。如今，"思维才是力量"的口号盛传。那么，什么是思维？什么学科把思维作为研究对象？

"三足鼎立"：思维、语言与对象

到目前为止，人们给出的思维的定义中，比较公认的应该是：思维是人脑借助于语言对对象的抽象和间接的反映。这个定义不仅很好地揭示了思维的本质，同时还准确地指明了"思维""语言"与"对象"之间的关系，如图1.1所示。

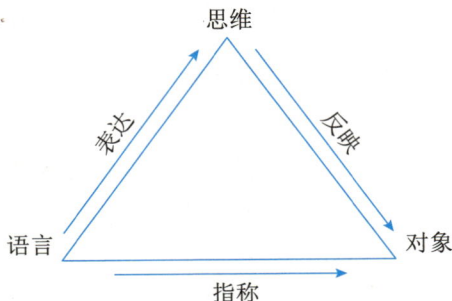

图 1.1 思维、语言与对象之间的关系

首先，思维是对对象的反映。这种反映不是具体、直接的反映，而是抽象、间接的反映。具体、直接的反映结果表现为感觉、知觉和印象，即为感性认识；

抽象、间接的反映结果表现为概念、判断和推理，即为理性认识。

其次，思维对对象的反映必须借助于语言表达出来。也就是说，思维是看不见摸不着的东西，它们必须通过声音或文字表达出来。

最后，语言作为一种符号，同对象之间构成指称和被指称的关系。语言是"能指"，对象是"所指"。

弄清楚思维、语言和对象之间的关系，对于我们进一步掌握逻辑学的对象、本质及其作用和意义很有必要。

【思考】

你认为思维的含义是什么？

（1）"思维"是一个多义词。我们这里讲的思维，是指相对于感性认识而言的理性认识，即理性思维、抽象思维，或直接称为逻辑思维。人们通常所说的"形象思维""灵感思维"中的"思维"，是否和"逻辑思维"中的"思维"是同一个意思呢？

（2）思维是指思考问题的方法或一门学科，如："演绎思维""归纳思维""数学思维""互联网思维""辩证思维""批判性思维"（"审辨性思维"）"创新性思维"（"创造性思维"），等等。

Formal Logic：思维形式的逻辑结构

思维是逻辑学研究的对象，但将思维作为研究对象的却不只是逻辑学。除了逻辑学以外，心理学、哲学等一些认知科学也把思维作为研究对象，统称为思维科学。

另外，思维的研究领域非常广泛。但是，思维的自然属性和社会属性、思维的物质基础、语言及其作用、思维的历史发展及动物"思维"与机器"思维"等都不是逻辑学研究的对象。逻辑学并不研究思维的具体内容，只研究思维形式（概念、判断、推理和论证）的逻辑结构，特别是推理和论证的有效性。由于推理和论证是由判断构成的，而判断是由概念构成的，所以逻辑要研究推理和论证，也必须研究概念和判断。

【案例】

因为凡金属都是导电的，铜是导电的，所以，铜是金属。

下面哪项与此推理结构最相似？

A. 所有鸟都是卵生动物，蝙蝠不是卵生动物，所以，蝙蝠不是鸟。

B. 所有鸟都是卵生动物，天鹅是鸟，所以，天鹅是卵生动物。

C. 所有汉语言文学专业的学生都要学习《古代汉语》，小陈要学习《古代汉语》，所以，小陈是汉语言文学专业的学生。

D. 华山险于黄山，黄山险于泰山，所以，华山险于泰山。

【分析】

如果用△表示"金属"，用○表示"导电的"，用□表示"铜"，则题干推理的形式结构是：

$$
\begin{array}{l}
因为△是○， \\
\quad □是○； \\
\hline
所以，□是△。
\end{array}
$$

在以上推理的形式结构中，△、□、○是可替换的部分，称为逻辑变项。"因为""所以""是"等是形式结构中不能替换的部分，称为逻辑常项。逻辑常项决定思维的形式，思维形式结构之间的差别是由逻辑常项决定的。这样，此题的答案是 C。

【思考】

案例中作为题干的推理："凡金属都是导电的，铜是导电的，所以，铜是金属。"是否有效？

研究思维形式的有效性，就是研究推理和论证的形式结构哪些是有效的、正确的，哪些是无效的、错误的。判断思维形式有效和无效的标准，就是看是否符合思维形式的规律和规则。

没有规矩不成方圆：思维形式的规律与规则

没有规矩不成方圆，思维活动也必须讲规矩、守规则。思维形式的规律和规则是判定概念是否明确、判断是否恰当、推理是否有效、论证是否有逻辑性的标准。只有遵守了相关的规律和规则，才能做到概念明确、判断恰当、推理有效、论证有逻辑性。相反，如果违反这些规律和规则，就要犯相应的逻辑错误。

上述案例中，三段论推理"凡金属都是导电的，铜是导电的，所以，铜是金属"就不是一个有效的推理。因为它违反了"中项在前提中至少要周延一次"的规则，犯了"中项不周延"的逻辑错误。但如果我们将此推理稍作变动，改为"凡金属都是导电的，铜是金属，所以，铜是导电的"，那么，由于其遵守了相关推理的规则，因而就成为一个有效的推理了。

【思考】

"凡金属都是导电的，铜是导电的，所以，铜是金属"与"凡金属都是导电的，铜是金属，所以，铜是导电的"这两个推理，在形式结构上有什么不同？

逻辑学所要介绍的思维形式的规律和规则分为两类：一类是运用各种具体的思维形式时必须遵守的规律和规则，如定义及分类的规则、各种推理的规则；另一类是人们在思维过程中必须普遍遵守的最起码、最基本的规律，如同一律、矛盾律和排中律。这些规律都是保证思维正确的基本规律，不得违反。

上题题干部分的推理，因为违反了该种推理的相关逻辑规则，所以其推理的形式结构是无效的、错误的。

【思考】

大发明家爱迪生的经历中，遇到这样一位年轻人，他想到大发明家爱迪生的实验室去工作。

一天，他去求见爱迪生。当爱迪生问他对科学发明有什么见解时，这位年轻人满怀自信地说："我想发明一种万能溶液，它可以溶解一切物品。"

爱迪生听罢，惊奇地问："那么你想用什么器皿放置这种溶液呢？它不是可以溶解一切物品吗？"年轻人哑口无言。

想一想，年轻人的话毛病出在哪里？

思维形式的逻辑结构和思维形式的规律、规则，都是逻辑学要研究的重要内容。此外，通过学习逻辑，我们还可以了解和掌握一些在教学活动、日常思维和日常语言表达中非常有用的逻辑方法，如明确概念的逻辑方法、探求因果联系的逻辑方法等。

1.2 三个博士进酒吧——逻辑的功能

逻辑知识告诉我们：应该怎样思考问题；怎样思考问题是有效的、合乎逻辑的；必须遵守哪些逻辑规律或规则，避免犯哪些逻辑错误；等等。对这些逻辑系统知识的把握，有助于人们正确地认识事物、进行推理和论证，有助于人们正确地表达思想、进行沟通和交流。这些都是逻辑的功能。

逻辑的功能至少表现在以下几个方面。

（1）认知功能——帮助人们正确认识事物，探求新知识；正确地认识问题、分析问题和解决问题。

（2）表达功能——帮助人们表达思想，进行论证与交流；帮助人们坚持真理，揭露诡辩，反驳谬误。

（3）训练功能——帮助人们进行思维训练，提高人们的逻辑与批判性思维能力。

（4）批判功能——批判性思维的前提是要遵守逻辑规律和规则。批判性思维必须运用逻辑方法，特别是推理和论证的方法。

（5）社会文化功能——在经济生活、法律生活、文化活动以及社会生活的方方面面都发挥着作用。

聪明的博士：逻辑的认知功能

恩格斯指出："甚至形式逻辑也首先是探寻新结果的方法，由已知进到未知的方法。"[1] 逻辑是研究推理的学问。逻辑推理就是以一个或一些已知的判断作为前提，推出新的判断作为结论的思维活动。人们运用逻辑知识使概念明确、判断恰当，并在此基础上进行各种推理和论证，这就是逻辑的认知功能。

在科学研究、司法实践或日常社会生活中，逻辑认知功能的实例不胜枚举。

【案例】

三位博士走进酒吧，服务员问："你们三位都要啤酒吗？"

第一位博士说："我不知道。"

第二位博士说："我也不知道。"

第三位博士说："是的！"

三位博士的回答是怎样来的？根据何在呢？

【分析】

对第一位博士来说，自己是要啤酒的。但是，他不知道其他两位是否要啤酒，所以，他只能回答"不知道"。

---

[1]　《马克思恩格斯选集》第 3 卷，人民出版社 1995 年版，第 174 页。

对第二位博士来说，自己是要啤酒的，第一位也是要啤酒的。因为，如果第一位不要啤酒，肯定会说"不是，我不要"。但是，他不知道第三位是否要啤酒，所以，他也只能回答"不知道"。

对第三位博士来说，自己是要啤酒的，前两位也都是要啤酒的。因为如果前两位不要啤酒，肯定会说"不是，我不要"，所以，他很肯定地回答："是的！"，三位都要啤酒。

案例中，三位博士都分别根据推理作出了自己的判断。

言为心声：逻辑的表达功能

逻辑是人们在交际过程中表达思想，或进行论辩的有效工具。

我们曾为某律师一段漂亮的辩护喝彩，我们曾为学生的一次精彩演讲而感动，我们曾为老师的一节课的完美讲授而叹服，我们曾为一场唇枪舌剑的辩论而惊呼……所有这些，说到底都是佩服他们的语言表达能力。可是，这些强大的语言表达能力从何而来？它们与其背后的逻辑思维能力是什么关系？很显然，无论是口头表达还是书面表达，只有做到概念明确，判断恰当，推理和论证合乎逻辑，才有说服力，才会让人接受。如果没有正确而严密的逻辑作为支撑，表达思想、进行论证就不可能达到理想的效果。那些辩护词、演讲词、辩论词除了修辞方法应用恰当，无不充满逻辑智慧。难怪培根也总结说："史鉴使人明智；诗歌使人巧慧；数学使人精细；博物使人深沉；伦理之学使人庄重；逻辑与修辞使人善辩。"[①]

古人说"言为心声"，大概就是这个道理。那是因为只有思维正确而敏捷，合乎逻辑，其表达思想、进行论辩才有说服力，才有吸引力。

无论是学生作文或答题，还是教师授课或写作，无论是书面表达，还是口头表达，只有想清楚了，才可能说得清楚、写得明白。只有做到概念清晰，判断恰当，推理合乎逻辑，论证充分，你的表达才可能精彩，你的观点或主张才可能被人接受。相反，如果概念不清，判断失当，推理不合逻辑，论证不充分，你的表达就只能是蹩脚和乏味的，你的观点或主张就不会被人采纳。所以，正确掌握和巧妙运用逻辑知识和方法，有助于我们表达思想。

---

① 培根：《培根论说文集》，商务印书馆 1983 年版，第 180 页。

【案例】

巴基斯坦影片《人世间》的主角拉基雅对她的丈夫连开五枪而被指控为杀人凶手。拉基雅也承认对丈夫的开枪事实。正当要给拉基雅定罪时，律师曼索尔主动为拉基雅辩护。

他说："拉基雅不可能是凶手。因为凶手是用枪击中拉基雅丈夫的心脏而使之毙命的。拉基雅在万不得已的情况下虽然开了枪，并且打完了枪中的五发子弹，但是却没有一发子弹打中她的丈夫。因为她的子弹全部打飞了，打到哪里去了呢？全部打在了对面的墙上。这一点，我想请警长做证。"

"警长，他说的是事实吗？"法官问。

"是事实。这个女人确实是发射了五发子弹。经过现场检查，可以肯定她手枪中的五发子弹都打在对面的墙上了。"

停了一会，曼索尔又说："再有，如果拉基雅是杀死她丈夫的凶手，那么，子弹一定是从前面打进她丈夫的身体的，因为拉基雅是面对面地对她丈夫开了枪。但是经过法医的检查鉴定，尸体上的子弹是从背后打进去的。这说明不是拉基雅开枪打死她的丈夫，而是另有人乘机作案。"

【分析】

律师曼索尔在他的辩护词里，先后使用了两次推理，即：

（1）如果拉基雅是凶手，子弹就应该打中她的丈夫；但事实是，她的子弹全部打飞，并未打中死者，所以，拉基雅不可能是凶手。

（2）如果拉基雅是杀死她丈夫的凶手，那么，拉基雅是面对面地对她丈夫开了枪，子弹一定是从前面打进她丈夫的身体；但是，经法医的检查鉴定，尸体上的子弹是从背后打进去的，可见，不是拉基雅打死她的丈夫，而是另有人乘机作案。

曼索尔的辩护，有理有据，不容置疑。他利用严密的逻辑推理，分别从两个方面推翻了"拉基雅是凶手"的指控，具有雄辩的说服力，成功地为拉基雅进行了无罪辩护。

学习逻辑还有助于我们坚持真理，揭露诡辩，反驳谬误。

【思考】

（1）甲：请问身份证掉了怎么办？

乙：去公安机关补办呀。

甲：错。身份证掉了捡起来不就得了吗？

你对二人的对话有何评判？

（2）春秋战国时代的《庄子·天下篇》记载：犬为畜类四足兽，羊为畜类四足兽，所以，犬可以为羊。

你能指出问题出在何处吗？

思维的体操：逻辑的训练功能

每个人都有一定的逻辑思维能力和素养，都有一定的逻辑敏锐感。但是，人们的逻辑思维能力和素养、逻辑的敏锐感是存在差异的。与此同时，人的逻辑思维能力和素养、逻辑的敏锐感不是与生俱来、固定不变的，而是可以通过训练、培养和提高的。

在学习逻辑系统知识的基础上，围绕相关知识，对逻辑思维进行反复训练，就像身体接受体操的训练一样。多年以后，也许具体的知识内容生疏了、淡忘了，但是围绕着那些知识的逻辑思维训练，以及因此而得到的逻辑思维能力和素养的培养和提高却终身受用。

身体经过训练可以变得更加健康和强壮，同样，思维能力经过训练可以得到培养和提高。难怪有人把逻辑思维训练称为"思维的体操"。通过学习和掌握逻辑知识与方法，让我们按照逻辑规律和规则去思考问题、分析问题和解决问题。所以，思维训练可以提高人们的逻辑思维能力，提高办事效率。

幸福指数的"晴雨表"：逻辑的批判功能

"批判"一词源自希腊文"kritikos"，是指富于洞察力、辨别力、判断力，还有敏锐智慧的回顾性反思，等等。"批判"是对现实保持的一种质疑的态度。一个国家或民族，如果没有洞察力、辨别力、判断力，如果不能对现实保持质疑的态度，就不能很好地发展，就不会有美好的未来。人类文明的进步必须进行反思与反省，必须持有批判的态度。一个人批判性思维能力的强弱直接决定其思维品质的优劣、思维水平的高低。一个人批判性思维能力还是幸福指数的"晴雨表"。

批判性思维（critical thinking）或称审辩式思维，就是对观点、思想或现象进行分析，指出不正确、不符合事实或不合理的地方，它是求真过程中的证明行为，是自发、自由、探讨性的，它建立在言论自由、地位平等的基础之上。

从广义上理解，批判性思维就是发展和完善人们的世界观，并把它高质量地应用在生活的各个方面的思维能力。具体地说："批判性思维是面对相信什么或者做什么而作出合理决定的思维能力。"[①]

我们通常所指的逻辑，一般认为就是形式逻辑（formal logic）。相对而言，有人把批判性思维称为非形式逻辑（informal logic）。批判性思维是以遵守形式逻辑规律和规则为前提的。形式逻辑是批判性思维的重要理论基础，为批判性思维提供推理、论证等认知技巧和方法。难怪有人认为："批判性思维首先是一种逻辑思维，它也需要进行归纳推理和演绎推理。"[②] 从这个意义上讲，没有形式逻辑就没有批判性思维，不遵守形式逻辑就不可能进行批判。这就是逻辑的批判功能。

请出"逻先生"：逻辑的社会文化功能

逻辑有"逻先生"的美誉。它不仅关乎人们的认知，关乎沟通与表达，关乎思维能力与素养，同时更关乎人们所生存的整个社会文化生活的方方面面。正如美国《独立宣言》的起草人托马斯·杰弗逊所言："在一个共和国，由于公民所接受的是理性与说服力而不是暴力的引导，推理的艺术就是最重要的。"[③]

关于逻辑的社会文化功能，南京大学张建军教授做过深入研究。他认为："逻辑学是社会理性化的支柱性学科，逻辑的缺位意味着理性的缺位。"[④] 张教授还指出："逻辑精神既是科学精神的基本要素，也是民主法治精神的基本要素。建立在逻辑基础之上的形式理性是科学体系与民主政治的共同基石。"[⑤] 由此可见逻辑学在社会文化生活领域所承载的分量和扮演的角色。所以，张建军教授进一步呼吁：要"在国民教育体系中加大健全的逻辑意识与逻辑思维素养的培育，使之成为营造与社会主义经济发展相适应的良性文化环境的重要内容。"[⑥] 不仅如此，张建军教授还提出了从逻辑与社会发展的基本关系、逻辑与科学、逻辑与教育、逻辑与文化、逻辑与法治等方面开展逻辑社会学研究的

---

① 谷振诣、刘壮虎：《批判性思维教程》，北京大学出版社 2006 年版，第 1 页。
② 刘儒德：论批判性思维的意义和内涵，《高等师范教育研究》2000 年第 1 期。
③ 柯匹、科恩：《逻辑学导论（第 11 版）》，张建军、潘天群等译，中国人民大学出版社 2007 年版，"前言"第 1 页。
④⑤⑥ 张建军：《真正重视"逻先生"——简论逻辑学的三重学科性质》，《人民日报》2002 年 1 月 12 日理论版。

构想。^① 按照这样的构想，逻辑的社会功能将更好地得到彰显。

【练习】

（1）结合自己的教学实践，举例说明逻辑在教学活动中的作用，并写成文字。

（2）如果电用完了，电动自行车就无法继续前行。我的电动自行车不能继续前行，因此，一定是电用完了。

以下哪项推理与题干最为相似？

A. 如果姚明上场，中国队就一定能赢。中国队输了，所以，姚明肯定没上场。

B. 所有的条件我都可以接受，除非它明显不公平。这个条件我不能接受，因此，它明显不公平。

C. 如果晓莉努力学习，考试成绩就会很好。晓莉考试成绩不好，所以，晓莉没有努力学习。

D. 如果小美去过香港，她一定会购买高档化妆品。小美购买了高档化妆品，所以，小美一定去过香港。

---

① 参见张建军：《开展逻辑社会学研究的构想》《光明日报》1997 年 8 月 2 日理论版。

第 2 章

"人咬狗算新闻"
——概念：思维形式的基础

📖 【导读】

　　概念是思维形式的基础，概念不明确或表达含混就不能形成恰当的判断，更不能由此进行有效的推理和论证。本章通过一系列案例及分析，帮助大家认识：什么是概念？概念和语词之间具有怎样的关系？是否所有的概念都必须有内涵和外延两个最基本的逻辑特征？什么是概念的内涵和外延？概念的内涵和外延之间的关系是什么？通过本章的阅读与学习，你将清楚地了解概念可以进行不同的分类，概念之间具有相容和不相容两大类关系。你还会了解：什么是明确概念内涵的逻辑方法？什么是明确概念外延的逻辑方法？定义和划分要遵守哪些逻辑规则？违反这些逻辑规则会犯什么逻辑错误？你可以检视自己在过去教学过程中给学生讲解概念的思路和方法是否符合基本的逻辑要求，并结合教学实际，对此前的概念教学进行适当的修正。

　　值得注意的是，本章涉及的逻辑概念较多，需要结合给出案例及分析，认真领会方能得其要领。建议密切结合自己的教学实际，准确加以把握。相信能够为你今后的教学提供有效的帮助。

📖 【关键词】

　　概念　内涵　外延　反变关系　属概念　种概念　集合体　类　论域
相容关系　不相容关系　定义　划分　定义过宽　定义过窄　同语反复
循环定义　划分不全　子项相容

　　通过前面的学习我们已经知道，思维形式是逻辑学的主要研究对象。推理和论证由判断构成，判断由概念构成，概念是思维形式的逻辑起点。因此，在逻辑知识的学习中，我们首先要重视概念的学习，做到概念明确。

【案例】

读者和记者正在交谈。

读者：在你们看来，什么才是新闻呢？

记者：新闻就是关于离奇的、非同一般的、出乎意料的事件的报道。

读者：那你能举例说明一下什么是新闻，什么不是新闻吗？

记者：比如说当一条狗咬伤一个人时，这就不是新闻；但当一个人咬伤一条狗时，这就算新闻了。

读者：……

【分析】

这个案例涉及"新闻"这个概念与语言表达之间的关系问题，涉及如何明确一个概念以及明确概念需要遵守哪些规则等一系列问题。

2.1　理发师比国王厉害：概念及其语言表达

理发师与国王谁更厉害？那得看谁听谁的话。在这个问题上，概念及其语言表达在思维活动中的作用特别重要。

"人是动物"有错吗：什么是概念？

一般来讲，说"人是动物"没有错。但"动物"并不是"人"这个概念的本质属性。那么，何为概念？

一句话，概念是反映对象本质属性的思维形式。

首先，概念是一种思维形式，它和判断、推理一并构成思维形式的全部内容。

其次，概念这种思维形式与判断、推理不同，它是反映对象本质属性的。对象的本质属性反映在人的头脑中就形成了概念。

每一个对象都具有很多种属性，每种属性的地位和作用是不同的。其中，那些起决定作用的属性就是该对象的本质属性，而其他属性就是非本质属性。

【案例】

（1）偶数是能够被 2 整除的整数。

（2）商品是用来交换的劳动产品。

【分析】

这里的"偶数""商品"就是两个概念。

数学中的偶数具有"整数""能被 2 整除"等属性。但"整数"这个属性并不是偶数的本质属性，因为奇数也是整数。"能被 2 整除"这个属性才是偶数的本质属性，因为只有偶数才能被 2 整除，而其他数就不能被 2 整除。"能被 2 整除"这个属性反映在人的头脑中就形成了"偶数"这个概念。同样，形形色色的商品具有"劳动产品""用来交换"等属性。但"劳动产品"不是商品的本质属性，"用来交换"这个属性才是商品的本质属性，因为只有商品才是为交换而生产的劳动产品，而其他劳动产品就不是为交换而生产的劳动产品。劳动产品"用来交换"这个属性反映在人的头脑中就形成了"商品"这个概念。

【训练】

找出几个自己熟悉的概念，如"金属""人""犯罪行为"等，指出其本质属性和非本质属性，以说明概念是对象本质属性的反映。

军阀的三个"纲目"：概念与语词

概念是对象本质属性的反映，它作为思维形式具有抽象性、概括性和间接性。概念是看不见摸不着的，它必须通过相应的语言表达才能进行交流和沟通。

表达概念的语言形式是可发声、有笔画的，听得到、看得见的语词或词语。语词或词语是语言的最小单位，概念和语词的关系十分密切。任何概念都要用语词来表达，概念是语词的思想内容，语词是概念的表达形式。概念、对象（本质属性）、语词三者之间的关系，可用图 2.1 表示。

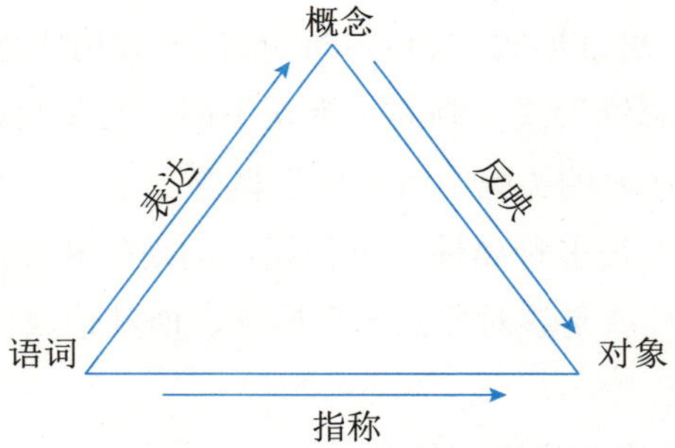

图 2.1　概念、对象、语词的关系图

如图 2.1 所示，概念反映对象（本质属性），语词表达概念，同时又指称对象。另外，概念和语词之间不是一一对应的，有着明显区别。

其一，虽然所有概念都必须由语词来表达，但并非所有的语词都能表达概念。一般来说，实词可以表达概念、指称对象，但绝大多数虚词都不能表达概念、指称对象。逻辑上把那些能够表达概念、指称对象的语词，称为词项。

其二，不同的语词可以表达相同的概念。不仅不同民族、不同语种表达同一个概念所使用的语词形式（符号）可以不同，如"brother"和"兄弟"，"logic"和"逻辑"，即使相同民族、相同语种表达同一个概念所使用的语词也可以不同，如"合同"和"协议"，"母亲"和"妈妈"，等等。

正是由于同一个概念可以由不同的语词来表达，才使得我们的语言表达更加丰富多彩。但是，究竟选用什么语词来恰当地表达概念，却很有讲究。

【案例】

据说，某军阀没有多少文化，却喜欢附庸风雅，显示自己的才华。他曾经去一所大学做演讲，就闹了大笑话。他的演讲内容如下。

诸位、各位：

今天是什么天气？今天是演讲的天气。开会的都来齐了没有？看样子大概有五分之八啦，没来的举手吧！很好，很好，都到齐了。今天到会的人都很茂盛，鄙人实在很感冒。……今天兄弟召集大家，来训一训，兄弟有说得不对的地方，大家应该互相谅解，因为兄弟和大家比不了。……你们是从笔筒里爬出来的，兄弟我是从炮筒里钻出来的，今天到这里讲话，真使我蓬荜生辉、感恩戴德。其实，我没有资格给你们讲话，讲起来嘛就像……就像……对了，对牛弹琴。

今天不准备多讲，现讲三个纲目。蒋委员长的新生活运动，兄弟我举双手赞成，就是一条，"行人都靠右走"着实不妥，实在太糊涂了，大家想想，行人都靠右走，那左边留给谁呢？还有件事，兄弟我想不通，外国人在北京东交民巷都建了大使馆，就缺我们中国的。我们中国为什么不在那儿建个大使馆？说来说去，中国人真是太软弱了！

第三个"纲目"讲他的进校所见，就学生的篮球赛一事，痛斥学校总务处长道："要不是你贪污了，那学校为什么这么穷酸？十来个人穿着裤衩在抢一个球成什么体统，多不雅观！明天到我公馆再领笔钱，多买几个球，一人发一个，省得再你争我抢。""三个纲目"讲完，军阀扬长而去。

【分析】

军阀在演讲中，用"茂盛""感冒""训一训""蓬荜生辉""对牛弹琴"等语词表达相应概念，别说"讲究"，连"将就"都谈不上。让人啼笑皆非，忍俊不禁。

其三，在不同语境或特定语境中，相同的语词可以表达不同的概念。如："三八"这个语词，在不同语境中可以表达一个节日或者一条军事分界线。同样是"掉了"这个语词，在"身份证掉了得补办"和"身份证掉了捡起来"这两个不同的语境中分别表达"遗失"和"掉落"两个不同的概念。

正因为相同的语词可以表达不同的概念，在语言表达中就要注意，语词所表达的概念要十分明确，不能引起歧义。

值得分享的是，文学题材中的一些笑话、幽默、相声、小品等作品，正是利用相同的语词可以表达不同的概念这一道理，故意混淆概念，以达到幽默效果。

【案例】

（1）两个朋友一起闲聊。

甲：昨天和老婆散步，不小心一颗沙子掉入她的眼中。去医院处理了一下，花了我三百元。

乙：你这个不算啥！周末和老婆逛街，一件裘皮大衣掉入她的眼中。买单花了我三万元呢！

（2）国王的儿子夸耀他的爸爸说："我爸爸是国王，全国的人都要听他的。"

小阿凡提说："那有什么，连你爸爸和所有的人都得听我爸爸的。我爸爸叫他们把头低下来，谁也不敢不听。上一次你爸爸还在我爸爸面前乖乖低下头来呢！"

国王的儿子听后生气地说："什么？根本不可能，你爸爸到底是干什么的？"

小阿凡提回答说："理发师。"

【分析】

例（1）中虽然同是"掉入她的眼中"这个词组，但前者是表达"沙子掉进"；而后者却是表达"相中""看中"之意，典型的同一语词表达不同概念的实例。在例（2）中，国王的儿子所说的"听我爸爸的话"，是指"听从我爸爸的指挥""言听计从"；而小阿凡提所说的"听我爸爸的话"，是指"（为使我爸爸更好地提供服务）配合我爸爸的工作""听我爸爸的请求"，语词相同，所表之意完全不同。

2.2　深度与广度：概念的内涵和外延

什么叫概念明确？一句话，所谓概念明确就是概念的内涵和外延明确，明确概念，就是明确概念的内涵和外延。那么，什么是概念的内涵和外延呢？

一对"双胞胎"：内涵和外延

有人说，概念的内涵表示深度，外延表示广度。这种说法究竟有没有道理呢？我们了解之后就会有答案。

前面讲过，概念是反映对象本质属性的思维形式。所谓内涵，就是概念所反映的对象的本质属性。概念的内涵是概念的质的方面。所谓外延，就是概念所反映的具有本质属性的对象。概念的外延是概念的量的方面。

概念的内涵和外延像一对"双胞胎"，是概念的两个最基本的逻辑特征。任何概念都既有内涵，又有外延。

【案例】

（1）偶数是能够被2整除的整数。4、8、14、26、102、2648等都是偶数。

（2）商品是用来交换的劳动产品。商场里出售的服装鞋帽、饮品食品、书籍资料、手机计算机等各种物品都是商品。

【分析】

"偶数"这个概念所反映对象的本质属性是"能够被2整除"。因此，"偶数"这个概念的内涵就是"能够被2整除"。同时，凡是具有"能够被2整除"这个本质属性的对象，如4、8、14、26、102、2648等，就是"偶数"这个概念的外延。

"商品"这个概念所反映对象的本质属性是"用来交换"。因此，"商品"这个概念的内涵就是"用来交换"。同时，凡是具有"用来交换"这个本质属性的劳动产品，如商场里出售的服装鞋帽、饮品食品、书籍资料、手机计算机等各种物品就是"商品"这个概念的外延。

【训练】

分别指出下列两段文字中带下画线的词所表达概念的内涵或外延。

（1）地震是由于地球内部的某种动力活动而产生的地壳震动。如火山地震、构造地震、陷落地震等。地下深处岩层断裂错动产生震动的地方叫震源，地面上正对着震源的地方叫震中。

（2）用各种纤维作原料经过纺织加工而成的产品称为纺织品。纺织品中以棉纤维作原料的称为棉纺织品，以麻纤维作原料的称为麻纺织品，以羊毛作原料的称为毛纺织品，以蚕丝作原料的称为丝纺织品，这些纺织品统称为天然纤维纺织品。随着化学工业的发展，出现了多种以化学纤维作原料的<u>化学纤维纺织品</u>，例如，人造棉、锦纶、涤纶、维纶、腈纶等。

卓别林吃北京烤鸭：概念内涵和外延的关系

就内涵而言，概念有多或少之分。"偶数"与"千位以上偶数"相比较，后者比前者的内涵要多；"学习用品"与"商品"相比较，后者比前者的内涵要少。

就外延来说，概念有大或小之别。"偶数"与"千位以上偶数"相比较，前者比后者的外延要大；"学习用品"与"商品"相比较，前者比后者的外延要小。其中，外延较大的概念叫作属概念，外延较小的概念叫作种概念。"偶数"与"千位以上偶数"相比较，前者是属概念，后者是种概念；"学习用品"与"商品"相比较，前者是种概念，后者是属概念。

在具有属种关系的两个概念之间，概念的外延越大，则其内涵越少；外延越小，则其内涵越多。反之，概念的内涵越少，则其外延越大；内涵越多，则其外延越小。这就是概念内涵和外延之间的反变关系。

"偶数"与"千位以上偶数"相比较，前者的外延较大，但内涵较少；后者的内涵较多，但外延较小。"学习用品"与"商品"相比较，前者的外延较小，但内涵较多；后者的内涵较少，但外延较大。这就是两对概念内涵和外延之间的反变关系。

【案例】

1954年，世界著名喜剧演员卓别林访问中国。当全聚德厨师将北京烤鸭端上席桌时，卓别林看着皮酥肉嫩、香气扑鼻的中国特色菜肴，毕恭毕敬地起身敬了一个礼，引来周总理等人的一阵笑声。厨师娴熟地将鸭子用刀片成大小均匀、薄如蝉翼的鸭片后，周总理请卓别林趁热品尝北京烤鸭，结果却遭到卓别林谢绝。卓别林抱歉地摇了摇头说自己在舞台上所创造出的角色，就是从鸭子走路的神态中受到的启发。为了表示自己的感谢，因此，他从来不吃鸭子。周总理听完之后表示理解。这时卓别林莞尔一笑改口说："不过我今天可以破例，因为这不是美国鸭，而是中国的北京鸭。"

【分析】

案例中，"鸭"和"美国鸭"或者"鸭"和"中国鸭"的内涵与外延之间就存在反变关系。"鸭"对于"美国鸭"或"中国鸭"来说，内涵更少，但外延更大，而"美国鸭"或"中国鸭"对于"鸭"来说，外延更小，但内涵更多。

【思考】

（1）概念内涵和外延之间的反变关系与数学中的反比关系有什么联系和区别？

（2）为什么"教师"相对于"中小学教师"而言是"属概念"，相对于"教育工作者"而言又是"种概念"？

2.3　你吃过鱼类吗：概念的种类

我们可以说见过鱼，但不可以说见过鱼类。为什么呢？这与概念的种类有关。

概念是对对象本质属性的反映。由于对象是多种多样、纷繁复杂的，因而反映对象本质属性的概念也是多种多样的。为更好地明确概念的逻辑特征，准确使用概念，必须以概念外延的不同为标准区分概念的不同种类。

"孙悟空"是什么：单独概念和普遍概念

根据概念所反映对象的数量不同，即概念外延数量的不同情况，概念可分为单独概念和普遍概念。

所谓单独概念，就是指反映某一个特定对象的概念，或者说外延是一个独一无二的对象的概念。

【案例】

（1）最高人民法院是中国的最高审判机关。

（2）清华大学是一所世界著名的高等学府。

【分析】

这里的"最高人民法院""清华大学"都是单独概念。

在现代汉语里，单独概念一般由专有名词来表达，一些带有指示代词或摹状词的词组，如"这个同学""那所学校""世界上人口最多的城市"等也可以表达单独概念。

和单独概念相对的概念是普遍概念，它是指反映一类对象的概念，即反映由两个或两个以上的对象所组成的类概念。普遍概念的外延不是一个单独分子，而是由两个或两个以上的分子组成的类，所以，普遍概念也可以称为类概念。

【案例】

（1）金属是一种具有光泽、富有延展性、容易导电、导热的物质。

（2）词是最小的能够独立运用的语言单位。

【分析】

这里的"金属""词"都是普遍概念。

在现代汉语里，普遍概念一般由语词中的普通名词表达。

【思考】

有人认为："孙悟空""上帝""凤凰""麒麟""永动机"等概念只有内涵，没有外延（或外延为零）。可以把这类概念称为"虚概念"或"零概念"。请问你同意这种说法吗？为什么？

非洲的"非"：肯定概念和否定概念

根据对象的属性不同，概念可分为肯定概念和否定概念。

肯定概念也叫正概念，是反映对象具有某种属性的概念。

【案例】

（1）机动车是由动力装置驱动或牵引的交通工具。

（2）当事人的行为被法院认定为正当防卫。

【分析】

这里的"机动车""正当防卫"就是肯定概念。

否定概念也叫负概念，是反映对象不具有某种属性的概念。

【案例】

（1）非机动车不能在机动车道上行驶。

（2）因非正当防卫导致的犯罪应当受到处罚。

【分析】

这里的"非机动车""非正当防卫"就是否定概念。

区分肯定概念和否定概念需在一定范围内进行，这一范围叫作论域。上述实例中，"机动车""非机动车"是在"车（交通工具）"这个范围内讨论的，"正当防卫""非正当防卫"是在"防卫（行为）"这个范围内讨论的。因此，"车（交通工具）""防卫（行为）"分别是它们的论域。

【思考】

（1）非洲是黄金资源非常丰富的大陆。

（2）江苏省的第二大城市是无锡。

（3）党的第四次代表大会提出无产阶级在民主革命中的领导权问题。

这里的"非洲""无锡""无产阶级"是肯定概念还是否定概念？

你吃的是鱼还是鱼类：集合概念和非集合概念

根据所反映的对象是集合体还是类，概念可分为集合概念和非集合概念。

集合概念是把对象作为集合体反映而形成的概念。

所谓集合体，就是指由众多同类的个体组成的一个不可分割的、有机的整体。组成集合体的个体不一定具有该集合体所具有的属性。

【案例】

（1）中国人是聪明智慧的。

（2）这个犯罪团伙共有13个成员。

【分析】

例（1）中的"中国人"是由古今男女中国人组成的不可分割的有机整体，而不是指某一个、某几个或某一时期的中国人，是一个集合体。这里所说的中国人所具有的"聪明智慧"的属性，是作为一个整体的中国人所具有，而不一定为某一个（或一些）中国人所具有，并非每一个中国人都聪明智慧。所以，这里的"中国人"所指的是一个集合体，"中国人"所表达的是一个集合概念。

例（2）中的"犯罪团伙"是指由众多犯罪团伙成员组成的一个特定团体，而不是指某一个、某几个团伙成员，也是一个集合体。这里所说的犯罪团伙所具有的"有13个成员"的属性，是作为一个整体的犯罪团伙所具有，而不为某一个（或几个）犯罪团伙成员所具有，不能说某个犯罪分子有13个成员。所以，这里的"犯罪团伙"所指的是一个集合体，"犯罪团伙"所表达的是一个集合概念。

非集合概念是不反映集合体的概念，也可以说是不把对象作为集合体反映的概念。

与集合概念不同，非集合概念所反映的对象不是集合体，而是类或分子。与集合体不同的是，一个类所具有的属性，该类的小类或分子必定具有。

【案例】

（1）中国人都应该讲规则。

（2）犯罪团伙是三人以上共同故意违法犯罪而临时结合的作案组织。

【分析】

例（1）中的"中国人"指的是每一个中国人，是指所有中国人组成的一个类。这个类所具有的"应该讲规则"的属性，其中每一个人都具有，每一个中国人都应该讲规则。所以，这里的"中国人"所指的是一个类，"中国人"所表达的是一个非集合概念。

例（2）中的"犯罪团伙"是指所有犯罪团伙成员所组成的一个类。这个类所具有的"三人以上共同故意违法犯罪"的属性，每一个犯罪团伙成员都具有。所以，"犯罪团伙"所表达的概念是一个非集合概念。

【思考】

（1）我们可以说：中国人都应该讲规则，所以，张三也应该讲规则。但我们能不能说：中国人是聪明智慧的，所以，张三也是聪明智慧的？为什么？

（2）既然这个犯罪团伙中的犯罪分子都会受到处罚，则这个犯罪团伙中的李四也会受到处罚。但我们能说这个犯罪团伙中的李四有 13 个成员吗？为什么？

（3）"今天我吃了一条鱼"和"今天我吃了一条鱼类"哪个语句正确？为什么？

以下几个方面值得注意。

第一，以上从三个不同的标准出发对概念的种类进行了区分。事实上，同一个概念在同一个语境下，可以既表达单独概念和普遍概念中的一种概念，又表达集合概念和非集合概念中的一种概念，也可以表达肯定概念和否定概念中的一种概念。

【案例】

"未成年人应当受到法律保护"中的"未成年人"这一概念，既表达普遍概念，又表达非集合概念，还表达否定概念。

【分析】

相对于单独概念来说，"未成年人"是一个普遍概念；相对于集合概念而言，"未成年人"是一个非集合概念；而相对于肯定概念来讲，"未成年人"又是一个否定概念。

第二，同一个语词由于语言环境的不同，有时表达集合概念，有时表达非集合概念，所以，必须结合其所处的语言环境来加以判定。离开具体的语言环境来判断概念的种类，既不科学，也无意义。

【思考】

下列语句中的"昆虫""书"分别属于什么概念种类？为什么？

（1）昆虫是地球上种类最多的动物。

（2）书是人类进步的阶梯。

2.4　玩转欧拉圈：概念之间的关系

对象之间是相互联系的，反映对象本质属性的概念之间也应该是相互联系的。逻辑上所谓的概念之间的关系，不是指通常所说的对象相互联系和相互区别的关系，而是指两个或几个可比较的概念外延之间的关系。

逻辑学是从外延角度研究概念之间的关系的。它包括相容关系和不相容关系两大类。所谓概念之间的相容关系，是指两个或两个以上的概念外延至少有一部分重合的关系。根据两个或两个以上的概念外延重合情况的不同，概念之间的相容关系又分为以下 4 种。

等边三角形即等角三角形：全同关系

如果两个概念 S、P 的外延完全相同（重合），即所有 S 都是 P，并且，所有 P 都是 S，则称 S 和 P 之间具有全同关系（或称同一关系），可用图2.2表示。

图2.2　全同关系图

【案例】

（1）几何学里的等边三角形也是等角三角形。

（2）美丽的成都是四川省的省会。

【分析】

这里的"等边三角形"与"等角三角形"是两个几何学概念，其外延完全相同（重合），都指同一种图形，具有全同关系。同样，"成都"与"四川省的省会"是两个地理学概念，其外延相同（重合），都指同一座城市，具有全同关系。

小圈进大圈：真包含于关系

在两个概念S、P的外延之间，如果所有S都是P，但有些P不是S，则称S和P之间具有真包含于关系（或称种属关系），可用图2.3表示。

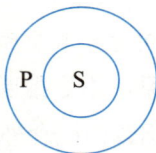

图2.3　真包含于关系图

【案例】

（1）中华中学是一所全国重点中学。

（2）金庸的《射雕英雄传》是武侠小说的代表作之一。

【分析】

例（1）中的"中华中学"是"重点中学"中的一所学校，其外延比"重点中学"小。所以，"中华中学"与"重点中学"是真包含于关系（种属关系）。其中，"中华中学"是种概念，"重点中学"是属概念。

例（2）中的"《射雕英雄传》"是"武侠小说"中的一部小说，其外延比"武侠小说"小。所以，"《射雕英雄传》"与"武侠小说"是真包含于关系（种属关系）。其中，"《射雕英雄传》"是种概念，"武侠小说"是属概念。

大圈套小圈：真包含关系

在两个概念 S、P 的外延之间，如果所有 P 都是 S，但有些 S 不是 P，则称 S 和 P 之间具有真包含关系（或称属种关系），可用图 2.4 表示。

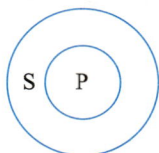

图 2.4　真包含关系图

上述案例中，"重点中学"与"中华中学"是真包含关系（属种关系），"武侠小说"与"《射雕英雄传》"是真包含关系（属种关系）。

【思考】

（1）为什么上述"真包含于关系"和"真包含关系"中都有一个"真"？是否可以省略？

（2）"真包含于关系"和"真包含关系"有何区别？

你中有我，我中有你：交叉关系

在两个概念 S、P 的外延之间，如果有些 S 是 P，但有些 S 不是 P，并且，有些 P 是 S，但有些 P 不是 S，则称 S 和 P 之间具有交叉关系，可用图 2.5 表示。

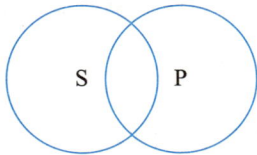

图 2.5　交叉关系图

【案例】

（1）班上同学中有些辩论队队员是体育爱好者。

（2）中国虽然是一个发展中国家，但在国际重大问题上也是一个很有话语权的国家。

【分析】

在这里有的"辩论队队员"是"体育爱好者"，但有的不是"体育爱好者"；

有的"体育爱好者"是"辩论队队员"，但有的不是"辩论队队员"；"辩论队队员"中有"体育爱好者"，"体育爱好者"中有"辩论队队员"。所以，"辩论队队员"和"体育爱好者"之间具有交叉关系。

有的"发展中国家"是"很有话语权的国家"，但有的不是"很有话语权的国家"；有的"很有话语权的国家"是"发展中国家"，但有的不是"发展中国家"。所以，"发展中国家"和"很有话语权的国家"之间具有交叉关系。

所谓概念之间的不相容关系，也称全异关系，是指两个或两个以上的概念外延没有任何部分重合的关系。

在两个概念 S、P 的外延之间，如果所有 S 不是 P，并且，所有 P 不是 S，则称 S 和 P 之间具有不相容关系，可用图 2.6 表示。

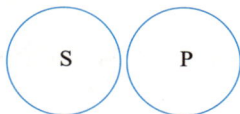

图 2.6　不相容关系图

【案例】

班主任说："为迎接"六一"儿童节，学校要求各班级在周六之前，必须把教室和寝室的卫生都打扫干净。"

【分析】

在这里，"教室"和"寝室"两个概念的外延没有任何部分重合，具有不相容关系。

根据具有不相容关系的概念外延的不同，概念之间的不相容关系又分为以下 2 种。

非此即彼：矛盾关系

如果两个概念 S、P 的外延之间，没有任何部分重合，并且，它们的外延之和等于其属概念 C 的外延，则称 S 和 P 之间具有矛盾关系，可用图 2.7 表示。

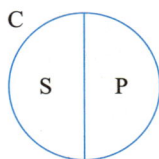

图 2.7　矛盾关系图

【案例】

（1）犯罪行为包括故意犯罪行为和过失犯罪行为，都是具有社会危害性的行为。

（2）化学元素可以分为金属元素和非金属元素。

【分析】

在这里，"故意犯罪行为""过失犯罪行为"这两个概念的外延没有任何重合的部分。也就是说，所有的犯罪行为中，不是故意犯罪行为就是过失犯罪行为。所以，它们之间具有矛盾关系。同样，"金属元素""非金属元素"这两个概念的外延没有任何重合的部分。也就是说，所有的化学元素中，不是金属元素就是非金属元素。所以，它们之间也具有矛盾关系。

白猫与黑猫：反对关系

如果两个概念 S、P 的外延之间，没有任何部分重合，并且，它们的外延之和小于其属概念 C 的外延，则称 S 和 P 之间具有反对关系，可用图 2.8 表示。

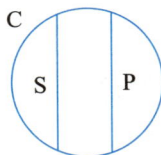

图 2.8　反对关系图

【案例】

（1）在中国古代文学作品中，唐诗和宋词深受广大群众喜爱。

（2）适当的体育运动对身体健康不可或缺，无论是球类运动还是田径运动都能提高学生的身体素质。

【分析】

在这里，"唐诗""宋词"这两个概念的外延没有任何重合的部分，并且，中国古代文学作品中，除了唐诗和宋词，还包括其他作品。所以，它们之间具有反对关系。同样，"球类运动""田径运动"这两个概念的外延没有任何重合的部分，并且球类运动和田径运动仅仅是所有体育运动项目中的两个项目。所以，它们之间也是反对关系。

【练习】

用圆圈表示概念之间的关系非常直观、简便，这种方法叫作欧拉图法，这种图称为欧拉图，也称"欧拉圈"。请用欧拉图表示下列中带下画线的词所表达的概念之间的关系。

（1）生物是生命体的总称，它与非生物相对，包括动物、植物和微生物。

（2）我特别喜欢哲学，希望通过自己的努力考上名牌大学，最好能考上复旦大学。

（3）不管白猫和黑猫，能抓住老鼠就是好猫。

2.5　岁月是把"杀猪刀"：明确概念的逻辑方法

概念明确是思维正确的必要条件。明确概念除了分清概念的种类、概念之间的关系，还要能够熟练掌握和灵活运用明确概念的逻辑方法。明确概念的逻辑方法主要有定义法、划分法、限制法和概括法。

大象弯弯腰：定义法

明确概念首先是要明确概念的内涵。定义法是通过揭示概念内涵来明确概念的方法，也就是揭示概念所反映的对象的本质属性，以达到明确概念目的的方法。

【案例】

（1）病毒是一种体积微小、结构简单，且必须在活细胞内寄生并以复制方式增殖的非细胞型生物。

（2）二人以上共同故意犯罪叫作共同犯罪。

【分析】

这两个案例就是明确"病毒"和"共同犯罪"这两个概念的内涵，即通过揭示其所反映的对象的本质属性，以明确这两个概念而使用的定义法。

定义法一般由被定义项、定义项和定义联项三部分（三要素）组成。

被定义项就是被揭示内涵的词项。如上述例子中的"病毒"和"共同犯罪"。

定义项就是用来揭示被定义项内涵的词项。如上述例子中的"体积微小、结构简单，且必须在活细胞内寄生并以复制方式增殖的非细胞型生物"和"二人以上共同故意犯罪"。

定义联项就是表示被定义项和定义项之间的联系的词项，或者说把被定义项和定义项联结起来的词项。如上述例子中的"是""叫作"。

在日常语言表达中，定义法的表现形式是各式各样的。它可以是被定义项在前，定义项在后；也可以是定义项在前，被定义项在后。定义联项可以用"……是……""所谓……就是……"表达；也可以用"……叫作……""……即……"等形式表达。

如果用 D_s 表示被定义项，D_p 表示定义项，则定义法的一般形式可表示为：

$$D_s \text{ 就是 } D_p$$

定义法的主要作用在于，通过揭示概念内涵以明确概念本身，只有明确了概念的内涵，明确了概念的质，才谈得上概念明确。定义法在科学技术研究和知识传播等活动中有着重要意义和作用。

定义法的关键，就是如何揭示概念的本质属性，就是如何构造定义项。一般来说，构造定义项分为下面三个步骤。

第一步，找出与被定义项邻近的属概念，即找出比被定义项（种概念）外延大的概念。如，"病毒"邻近的属概念是"生物"；"共同犯罪"邻近的属概念是"故意犯罪"。因此，表达被定义项的概念和邻近的属概念之间具有真包含于关系。

第二步，在同一属概念下，找出被定义项所表达的种概念同其他种概念之间的差别，即种差。在"生物"这一属概念下，"病毒"这个种概念同其他种概念之间的差别是"体积微小、结构简单，且必须在活细胞内寄生并以复制方式增殖的非细胞型生物"。在"故意犯罪"这一属概念下，"共同犯罪"这个种概念同其他种概念之间的差别是"二人以上共同犯罪"。

第三步，把种差和邻近的属概念联结在一起，就构成了定义项。

通过以上步骤而实现的定义方法，逻辑上称为种差加属的定义法。其一般形式也可表示为：

$$被定义项 = 种差 + 邻近的属$$

在科学上，很多概念的定义都是按照上述步骤进行的。

【练习】

（1）结合自己学科中至少三个概念的定义并加以分析，比照以上定义法的内容，找出该定义的结构和步骤。

（2）回顾并检视自己之前是如何给学生讲解相关概念的。

（3）请辨析一般试卷中的"名词解释"与定义有什么区别？

要保证定义法的正确性，除了要掌握定义的结构、步骤之外，还必须遵循定义法的规则。

第一，定义项和被定义项的外延必须具有全同关系，即定义项和被定义项的外延必须相等或重合。违反这条规则，就会犯"定义过宽"或"定义过窄"的错误。

"定义过宽"就是指定义项的外延大于被定义项的外延。"定义过窄"就是指定义项的外延小于被定义项的外延。

【案例】

（1）水是一种透明液体。

（2）商品是已经实现了交换的劳动产品。

【分析】

例（1）犯了"定义过宽"的错误，因为定义项"透明液体"除了水之外，还包括其他很多种类的液体，如酒精、白醋等，其外延大于被定义项的外延。例（2）犯了"定义过窄"的错误，因为"商品"的外延除了"已经实现了交换的劳动产品"之外，还应包括尚未实现交换的劳动产品，定义项的外延小于被定义项的外延。

第二，定义项中不能直接或间接地包含被定义项。违反这条规则就会犯"同语反复"或"循环定义"的错误。

【案例】

（1）实用主义者就是那些主张实用主义的人。

（2）辩证法就是同形而上学根本对立的宇宙观，形而上学就是同辩证法根本对立的宇宙观。

【分析】

在这里，例（1）的定义项中直接包含有被定义项"实用主义"，犯了"同语反复"的逻辑错误。例（2）中，"辩证法"和"形而上学"相互定义，循环往复。它们都没有达到揭示概念所反映对象的本质属性，以明确概念内涵的目的。

第三，定义必须使用清晰规范的语言。除非必要，一般不使用否定概念，不使用比喻以及其他含混不清的定义。违反这条规则就会犯"定义不清""以比喻代定义"等逻辑错误。

【练习】

指出下列定义的逻辑错误。

（1）大象是弯腰的动物。

（2）岁月是一把杀猪刀。

（3）健康是一种非病的状态。

车头是不是车：划分法

划分法是按照一定的标准，把一个大类分成若干个小类或分子，以揭示概念外延的逻辑方法。

【案例】

（1）数学中，整数既可以分为偶数和奇数，又可以分为正整数、负整数和零。

（2）按照对哲学基本问题的不同回答，把哲学分为唯物论和唯心论两个派别。唯物论包括古代朴素的唯物论、近代机械唯物论和辩证唯物论；唯心论包括客观唯心论和主观唯心论。

【分析】

例（1）将"整数"分成"偶数"和"奇数"或者"正整数""负整数"和"零"，以明确"整数"这个概念的外延。

例（2）将"哲学"分成"唯物论"和"唯心论"两个小类，再分别将"唯物论"分成"古代朴素的唯物论""近代机械唯物论""辩证唯物论"，将"唯心论"分成"客观唯心论""主观唯心论"，以明确"哲学"这个概念的外延。

　　划分法一般由划分的母项、子项和联项三部分组成。划分的母项就是被划分的词项，如上述例子中的"整数"和"哲学"。

　　划分的子项就是从母项中划分出来的词项，如例（1）中的"偶数"和"奇数"以及"正整数""负整数"和"零"。例（2）中划分的子项分别是"唯物论"和"唯心论"。需要说明的是，该例中再次将"唯物论"和"唯心论"这两个子项作为母项进行划分。这样，它们又分别包括"古代朴素的唯物论""近代机械唯物论""辩证唯物论"以及"客观唯心论""主观唯心论"等子项。

　　划分的联项就是把划分的母项和子项联结起来的词项，如上述例子中的"分为""包括"，等等。

　　划分法的一般步骤，就是把划分的母项按照一定的标准分成若干并列的子项。整个划分只有母项和子项两个层次。有人也把这种简单的划分方法叫作一次划分法。

　　根据需要，我们也可再将划分所得的子项作母项，按照一定的标准对它们再次进行划分，比如例（2），这就是连续划分法。

　　连续划分法中的母项和子项的层次不止两个，而是三个或三个以上，即由类划分出小类，又由小类划分出更小的类或分子。

【练习】

　　（1）请根据划分法对概念之间的关系进行分类。

　　（2）请列举出至少三个教学中涉及的分类的实例，并分析其结构。

　　和定义法一样，划分法也要遵守相应的规则。

　　第一，划分的母项的外延和各子项的外延之和必须具有全同关系，即划分出来的各子项外延之和必须与母项的外延相等。如果违反这条规则，即划分出来的各子项外延之和小于母项的外延，就会犯"划分不全"的错误。

　　上面的例子中，将"整数"划分成"正整数""负整数"和"零"，就是遵循了这一规则。如果将"整数"划分成"正整数""负整数"，就是"划分不全"。如果将"唯物论"划分成"古代朴素的唯物论""辩证唯物论"，也会犯"划分不全"的错误。

【思考】

　　违反"划分的母项的外延和各子项的外延之和必须具有全同关系"的规则，是否可能出现"划分出来的各子项外延之和大于母项的外延"，即所谓"多出子项"的情况？

第二，划分的各子项外延之间必须具有不相容关系。违反这一规则就会犯"子项相容"的错误。

怎样才能避免犯"子项相容"的错误？首要的是要保证划分标准的统一。

【案例】

请指出下列语句的逻辑错误。

（1）本辖区内有不少企业、事业单位、国家机关、社会团体、学校、工厂、公司以及其他社会组织。

（2）地球上的气候带可分为热带、温带、海洋带与高山带。

【分析】

上述例（1）的错误，就是因为进行分类时，划分出来的子项"企业""事业单位""国家机关""学校""工厂""公司"等概念之间具有相容关系，导致"子项相容"，划分混乱。例（2）在划分时是将气候和地形地貌作为划分标准，导致划分错误。

此外，虽然可以根据不同标准对概念进行划分，但每次划分的标准必须统一。不仅如此，划分还必须按照概念之间属种关系的不同层次，逐级进行。否则，就不能达到概念外延层级清楚、思维严密的目的。

除了正确地进行划分外，还要注意划分与分解和列举的区分。

划分是根据一定标准，把一个母项分为若干个子项，母项与其单个子项之间必须具有属种关系（真包含关系）。分解则是把一个有机整体分（拆分）成若干组成部分，用以明确整体的构成。整体所具有的属性，经过分解后的部分（部件）却不一定具有，分解的整体与其部分之间不具有属种关系。划分与分解是两种截然不同的方法。

【案例】

（1）车可以分为机动车和非机动车，也可以分为客车和货车，还可以分为国产车和进口车等。

（2）汽车可以分为车头、车身、车轮、车灯等。

【分析】

"机动车""非机动车"是"车"，而"车头""车身"等，却不是"车"，显然，例（1）是划分，例（2）则是分解。

列举是通过举例揭示概念部分外延的逻辑方法。列举并不要求揭示概念的全部外延，因而不存在"划分不全"的问题。

【案例】

中国现代著名文学家有鲁迅、巴金、老舍、冰心、朱自清、郭沫若等。

【分析】

中国现代著名文学家有很多，不便（也没必要）用一般划分法来对其进行分类，而运用列举方法来明确"中国现代著名文学家"这一概念的部分外延，就能达到明确此概念的目的。

【思考】

有人认为：论说文包含有总论点，总论点又包含有若干分论点。分论点是对总论点的分解，总论点与分论点是种属关系。

你觉得这种说法正确吗？请说明理由并进行讨论。

【练习】

对比下列语句，指出其属于划分、分解还是列举。

（1）经是我国古籍的通称。它包括《周易》《尚书》《诗经》《礼记》《公羊传》《论语》《左传》等。

（2）病毒可以分为植物病毒、动物病毒和细菌病毒。

（3）树分为树根、树干、树枝、树叶，等等。

独裁者和大独裁者：限制法和概括法

本章开始已经介绍过，在具有属种关系的两个概念之间，概念的外延越大，则其内涵越少；外延越小，则其内涵越多。反之，概念的内涵越少，则其外延越大；内涵越多，则其外延越小。也就是说，概念内涵和外延之间具有反变关系。为了更好地明确概念，有时需要对概念进行限制和概括。这种逻辑方法分别叫作限制法和概括法。

所谓限制法，或称概念的限制，是通过增加概念的内涵以缩小其外延，由属概念过渡到种概念的逻辑方法。

由于概念的内涵越多，外延越小，所以，我们可以通过增加概念的内涵，缩小概念的外延，以此达到明确概念的目的。

【案例】

1938 年，卓别林写成了以讽刺和揭露希特勒为主题的电影剧本《独裁者》。影片开拍时，派拉蒙电影公司派人对卓别林说："罗伯特·哈里斯曾用'独裁者'写过一本闹剧，所以这名字是他们的无形资产。"不同意拍摄。

卓别林派人跟他们交涉无果，又亲自找上门去同他们商谈解决的办法。派拉蒙电影公司坚持说："如果卓别林一定要'借用'《独裁者》这个名字，他就必须付出 2.5 万美元的转让费，否则就有可能触犯法律，引来官司。"

卓别林灵机一动，当即在片名前加了个"大"字，变为《大独裁者》，并且风趣地说："你们写的是一般的独裁者，而我写的是大独裁者，这两者之间是有很大区别的。"派拉蒙电影公司的老板们，一个个哑口无言，毫无办法。

事后，卓别林得意地说："我只多用一个'大'字，就省下了 2.5 万美元，真是一字值万金！"

【分析】

从概念限制法的角度说，卓别林通过加一个"大"字，由此增加了"独裁者"的内涵，进而减小了外延，变为"大独裁者"，既省下了 2.5 万美元，又更加突出影片的特色，足见卓别林高超的逻辑智慧。

概念的限制可以通过增加修饰限制词来实现（并非所有的限制都要通过增加修饰限制词实现），但其根本上是看增加修饰限制词后的概念与原概念之间是否具有种属关系（真包含于关系）。换言之，如果前后两个概念之间不具有属种关系（真包含关系），不是从属概念过渡到种概念，那就不构成概念的限制。

所谓概括法，或称概念的概括，是通过减少概念的内涵以增大其外延，由种概念过渡到属概念的逻辑方法。

由于概念的内涵越少外延越大，所以，我们可以通过减少概念的内涵，增大概念的外延，以此达到明确概念的目的。

【案例】

不仅中学教师、小学教师，所有教师，除了向学生传授知识外，都应该担负起培养学生逻辑思维能力的重任。

【分析】

从"中学教师"到"教师"，或者从"小学教师"到"教师"，分别通过减少"中学""小学"的内涵，从而增大了它们的外延，更明确地表达了说话者的思想。

　　概念的概括可以通过减少修饰限制词来实现（并非所有的概括都要通过减少修饰限制词实现），但其根本上是看减少修饰限制词后的概念与原概念之间是否具有属种关系（真包含关系）。换言之，如果前后两个概念之间不具有种属关系（真包含于关系），不是从种概念过渡到属概念，那就不构成概念的概括。

　　特别要提到的是，概念内涵和外延之间的反变关系是限制法和概括法共同的逻辑基础，这是其一。限制法和概括法都可根据实际需要使用一次，也可以连续使用多次，这是其二。但是，无论是限制法还是概括法，都存在限度的问题。具体地讲，如果将一个概念限制到单独概念，就不能再进行限制了，因为单独概念不能成为任何概念的属概念，任何概念也不会成为单独概念的种概念。如果将一个概念概括到作为哲学范畴的概念，就不能再进行概括了，因为没有任何概念的外延能够比作为哲学范畴的概念的外延更大，成为其属概念。

第 3 章

吃鱼可以预防近视

——词项逻辑：简单判断及其推理

【导读】

我们经常会讲要"判断恰当和推理有效"。可是，怎样才算判断恰当和推理有效？判断恰当和推理有效的标准是啥？本章将作出明确回答。通过本章的学习，我们可以清楚地了解简单判断及其推理的系统知识。主要内容包括性质判断及其关系、性质判断直接推理、三段论推理以及关系判断及其推理。

本章的重点和难点集中在对当关系及其推理，特别是三段论推理上。本章学习结束后，可以重点了解三段论的要素、公理、规则以及违反规则所犯的逻辑错误。通过本章的学习，还可以领略到相关三段论规则的证明过程以及如同游戏一般的填空练习，深浅适度的练习，让我们初尝轻微烧脑的快感！

【关键词】

判断　推理　有效性　对当关系　周延性　换质法　换位法　三段论
大前提　小前提　结论　大项　中项　小项　三段论的公理　三段论的规则
中项不周延　词项扩大　三段论的格　三段论的式　省略三段论　对称性关系
对称关系　非对称关系　反对称关系　传递性关系　传递关系　非传递关系
反传递关系

在思维活动中，仅仅有概念这种思维形式是不够的，人们还需要进一步将一些概念有机联结起来构成判断，进而将一些判断有机联结起来构成推理。判断和推理是两种重要的思维形式，与概念一起，共同构成思维形式的全部外延。

【案例】

生物课上，老师和学生正在进行题为"吃鱼的好处与坏处"的讨论。

老师问学生："你知道吃鱼有什么好处吗？"

一位学生回答道："吃鱼可以预防近视。"

全班同学哄堂大笑。

老师问这位同学："请说说你的理由！"

哪知道这位同学激动地站了起来，反问道："你见过猫有近视的吗？"

课堂气氛顿时活跃起来了。

【分析】

在这个"吃鱼的好处与坏处"的讨论中，老师的问话"你知道吃鱼有什么好处吗？"是一个疑问句，不表达判断；学生的回答"吃鱼可以预防近视"。作为一个陈述句，表达判断。

与此同时，学生的上述回答和反问句"你见过猫有近视的吗？"隐含着一个推理，即"猫是吃鱼的，没有猫是近视的；所以，吃鱼是不会近视的（吃鱼可以预防近视）。"

那么，什么是判断和推理呢？判断和推理有哪些种类？我们在进行推理时要遵守哪些逻辑规则？上面那位学生的推理究竟正不正确呢？

3.1　法官的儿子一定是法官：判断恰当与推理有效

逻辑对思维的要求，除了做到概念明确外，还要做到判断恰当和推理有效。而要做到这一点，就先要了解和把握判断和推理的内涵和外延，以及它们的逻辑特征。

"有断定"和"有真假"：判断

判断是对对象有断定并且有真假的思维形式。

"有断定"和"有真假"是判断的两个基本的逻辑特征。

所谓"有断定"，就是指对对象有所肯定或否定。如果对对象无所断定，即对对象既不肯定也不否定，就不能构成判断。

【案例】

（1）人的正确思想是从哪里来的？

（2）今天的天气不仅温度高，而且湿度大。

【分析】

例（1）表达的是对"人的正确思想"来源的疑问，并不构成对对象的肯定或否定。所以，不是判断。

例（2）表达了对"今天的天气""温度高"和"湿度大"的断定。所以，是判断。

有断定就会有真假。所谓"有真假"，就是指对对象的断定有真或假的不同。如果对对象的断定与实际情况相符，这样的断定就是真的，是真判断；相反，如果对对象的断定与实际情况不相符，这样的断定就是假的，是假判断。

【案例】

（1）法官的儿子一定是法官。

（2）只有温度降到摄氏零度以下，水才会变为固态。

【分析】

例（1）对"法官的儿子"与"法官"属性的断定，不符合实际情况。所以，该断定为假，是假判断。

例（2）对"水温"及其"存在形态"的断定符合实际情况。所以，该断定为真，是真判断。

判断的真假是一个十分重要的逻辑特征。任何一个判断，不是真判断，就是假判断；不是假判断，就是真判断。

语义三角形：判断的语言表达

概念由语词表达，判断则是由语句来表达的。语句是判断的语言表达形式。

同概念与语词的关系一样，判断和语句也是既相互联系，又相互区别的。

首先，判断和语句是相互联系的。判断离不开语句，只有借助语句，判断才能存在和表达出来。所以，判断是语句的思想内容，而语句则是判断的载体和表达形式。判断、对象、语句之间也构成一个语义三角关系，如图3.1所示。

如图3.1所示，判断断定对象，语句表达判断，语句又指称对象。

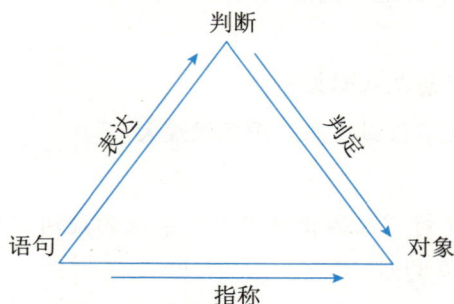

图 3.1　判断、对象、语句的关系图

其次，判断和语句是相互区别的。它们的区别表现在以下几点。

第一，虽然所有判断都由语句来表达，但并非所有语句都能表达判断。一般地说，简单句中的陈述句，有断定，有真假，都表达判断；而疑问句、祈使句和感叹句等，无断定，无真假，所以，不能表达或者至少不能直接表达判断。不少复合句对对象有断定，有真假，也表达判断。

第二，在逻辑里，我们把那些表达判断、指称对象的语句叫作命题。判断与命题是有区别的，但一般情况下，我们没有对判断和命题作严格区分（除非必要）。

第三，同一个判断可以用不同的语句来表达。

【案例】

下列语句都可以表达"所有真理都是相对的"这个判断。

（1）任何真理都不是非相对的。

（2）没有真理不是相对的。

（3）只要是真理一定是相对的。

（4）不是相对的真理是不存在的。

【分析】

以上四个语句，虽然语言形式不同，但其所表达的判断都是相同的，即"所有真理都是相对的"。

第四，在不同的或特定的语言环境中，同一个语句可以表达不同的判断。在这种情况下，一个语句究竟表达哪个判断，需要根据具体的语言环境来确定，不能引起歧义。

【思考】

语句"学校将举办一个现代派画家的画展"可能表达哪些不同的判断？

对象的多样性：判断的分类

判断是对对象的断定，对象的多样性，决定了判断类型的多样性。逻辑学可以按照不同的标准对判断进行不同的分类。本书对判断的分类按下面的标准和层次进行。

首先，根据判断中是否包含"必然""可能""必须"等模态词（模态算子），将判断分为非模态判断和模态判断。传统逻辑主要研究非模态判断。

其次，根据非模态判断自身中是否还包含其他判断，又划分出简单判断和复合判断；根据模态判断包含的模态词是真值模态词还是规范模态词，又划分出真值判断和规范判断。

最后，根据简单判断断定的是对象的性质还是对象之间的关系，再划分出性质判断和关系判断；根据复合判断所包含的判断之间的真假情况（逻辑联结词）的不同，再划分出联言判断、选言判断、假言判断和负判断；根据真值判断所包含的模态词的不同，再划分出必然判断和或然判断；根据规范判断所包含的模态词的不同，再划分出必须判断和允许判断。

上述分类如图 3.2 所示。

上述判断的分类还可以根据需要继续进行。

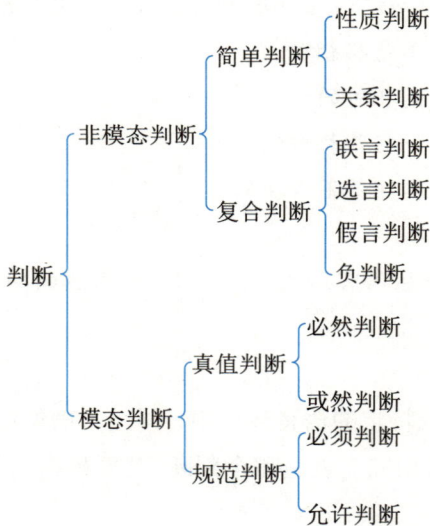

图 3.2　判断的分类图

已知进到未知：推理

推理是由一个或几个已知的判断作为前提，推出另一个新的判断作为结论的思维形式。

人们通过对对象进行断定形成判断之后，思维活动还要进一步推进。为了满足我们认知活动的需要，可以从已知判断出发，推导出未知的或新的判断。这种思维形式或思维过程就叫作推理。

【案例】

（1）故意犯罪是有犯罪动机的行为，贪污罪是故意犯罪，所以，贪污罪是有犯罪动机的行为。

（2）只有千里马吃饱了草，千里马才跑得快，所以，如果要千里马跑得快，就要让千里马吃饱草。

【分析】

两个案例都是由两个已知判断作前提，推出一个新的判断作结论，它们都是推理的典型案例。

在推理这种思维形式中，"所以"之前的判断是一个或几个已知的判断，是推理的根据和出发点，逻辑上叫作前提。如例（1）中的"故意犯罪是有犯罪动机的行为""贪污罪是故意犯罪"；例（2）中的"只有千里马吃饱了草，千里马才跑得快"。"所以"之后的由前提推出的新判断，是推理的结果和后承，逻辑上叫作结论。如例（1）中的"贪污罪是有犯罪动机的行为"，例（2）中的"如果要千里马跑得快，就要让千里马吃饱草"。任何推理都必须包含前提和结论两个部分。

推理由判断组成，但并不是任何判断凑在一起都可以组成推理，只有那些判断与判断之间存在着推导关系的判断组合才能构成推理。这里所谓的推导关系就是推理形式。

在现代汉语中，推理中的推导关系通常是由表达因果关系的复句或句群来表达。其语言标志是"因为……所以……""……所以……""……因此……""之所以……是因为……"等联结词。在具体语境中，有时前提在前，结论在后；有时先有结论，后有前提；有时还可以省略联结词。这种情况下，哪些部分是前提，哪些部分是结论，要根据具体的语言环境来确定。

判断之间的推导关系是被断定对象之间的关系的反映，是人们反复思维实践的总结和概括。它既是一种认识对象的方法，也是表达思想的手段。恩格斯曾说过："甚至形式逻辑也首先是探寻新结果的方法，由已知进到未知的方法。"[①] 恩格斯所指的"探寻新结果的方法""由已知进到未知的方法"，就是推理。

推理是逻辑学研究的重要内容。它不仅是思维形式的重要组成部分，同时

[①]　《马克思恩格斯选集》第 3 卷，人民出版社 1995 年版，第 174 页。

又是证明与反驳的基础，任何证明与反驳都要运用推理。正因为如此，我们甚至可以将逻辑学定义为关于推理的科学。

"数学老师不懂英语"：推理的有效性

任何事物都存在内容和形式两个方面，推理也不例外。就内容而言，推理存在是否符合前提和结论之间实际推导关系，包括前提的真实性和结论的可靠性问题。就形式而言，推理存在是否遵守推理规则，即推理形式的有效性问题。对于一个具体推理来说，只要保证前提真实，形式有效，就可以得出可靠的结论。正如恩格斯所说："如果我们有正确的前提，并且把思维规律正确地运用于这些前提，那么结果必然与现实相符。"①

但是，推理的有效性（或称逻辑性）不是指前提的真实性，也不是指结论的可靠性，而是指形式的有效性，即推理是否遵守和合乎推理规则。不管推理前提的真实性如何，结论的可靠性如何，只要推理的形式是正确的，推理就是有效的、正确的、合乎逻辑的。因此，遵守推理规则是推理有效和合乎逻辑的充要条件。

【案例】

（1）所有英语老师都懂英语，数学老师不是英语老师，所以，数学老师不懂英语。

（2）只要年满十八岁，就一定有选举权，小吴没有选举权，所以，小吴未满十八岁。

【分析】

虽然例（1）中的两个前提都是真实的，但由于其推理形式违反了相关推理规则，因而该推理无效。相反，例（2）虽然前提"只要年满十八岁，就一定有选举权"不真实，但由于其推理形式合乎相关的推理规则，因而逻辑却判定其为正确有效的推理。可见，推理的有效性是指推理形式的有效性。

推理也多样：推理的分类

同判断一样，推理也可以按照不同的标准进行分类。本书对推理的分类按下面的标准和层次进行。

---

① 《马克思恩格斯全集》第 20 卷，人民出版社 1998 年版，第 661 页。

首先，根据推理所表现的思维进程的方向，是从一般到特殊，还是从特殊到一般，或是从一般到一般，特殊到特殊，把推理分为演绎推理、归纳推理和类比推理。

其次，又把演绎推理分为非模态推理和模态推理；把归纳推理分为完全归纳推理和不完全归纳推理。

最后，在非模态推理中，每一种非模态判断都对应着一种推理；在模态推理中，每一种模态判断也对应着一种推理；不完全归纳推理又分为简单枚举归纳推理和科学归纳推理。

上述分类如图 3.3 所示。

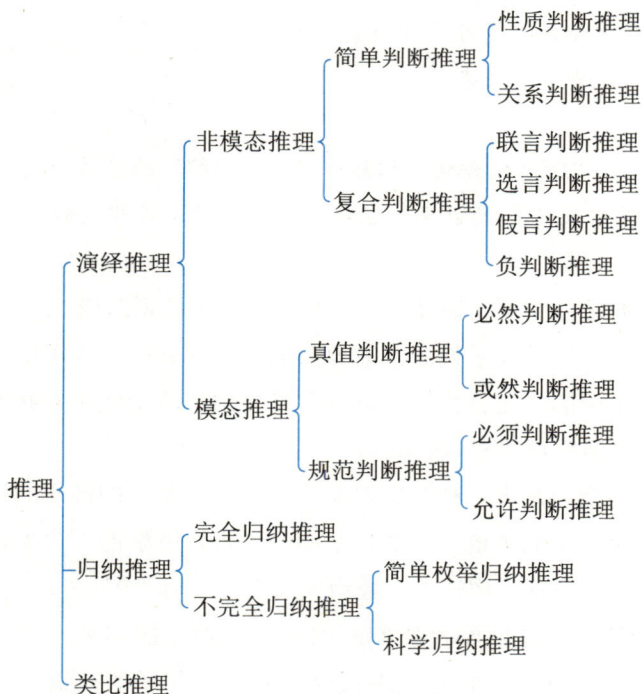

图 3.3　推理的分类图

从判断和推理的分类可以清楚地看到，判断和推理的关系是十分密切的，特别是形式逻辑所着重研究的非模态判断和非模态推理，几乎是一一对应的。所以，判断的类型决定推理的类型。正是基于判断和推理的这种关系，本书才尽可能地将判断和推理作为一个体系来介绍，即介绍了一种判断，紧接着就介绍由该种判断构成的推理。

3.2 对当关系：性质判断及其关系

性质判断是一种简单判断。所谓简单判断就是自身不包含其他判断的判断。根据简单判断是断定对象的性质或对象之间的关系，又将简单判断分为性质判断和关系判断。我们先来了解性质判断的相关内容。

"六君子"：性质判断

性质判断又称直言判断，是断定对象具有或不具有某种性质的判断。

【案例】

（1）所有化合物都是可以分解的。

（2）有些被告不是无辜的。

【分析】

例（1）断定"所有化合物"都具有"可以分解"的性质；例（2）断定"有些被告"不具有"无辜"的性质。这些简单判断就是性质判断。

性质判断通常由主项、谓项、联项和量项四个要素组成。

性质判断的主项是表示被断定对象的词项。它好比现代汉语中一个句子的主语。上述例子中的"化合物""被告"就分别是两个性质判断的主项。逻辑上一般用大写英语字母"S"表示。

性质判断的谓项是表示被断定对象所具有或不具有的性质的词项。它好比现代汉语中一个句子的宾语。上述例子中的"可以分解的""无辜的"就分别是两个性质判断的谓项。逻辑上一般用大写英语字母"P"表示。

性质判断的联项是联结性质判断的主项与谓项的词项。它是表明主项、谓项之间的关系的词项。它好比现代汉语中一个句子的谓语。上述例子中的"是""不是"就分别是两个性质判断的联项。

性质判断的量项是表示主项数量被断定情况的词项。它好比现代汉语中一个句子的主语的数量定语。上述例子中的"所有""有些"就分别是两个性质判断的量项。

性质判断是被断定对象与该对象所具有或不具有的性质的统一，是质和量的统一。被断定对象由主项表示，其所具有或不具有的性质由谓项表示。性质判断的质指断定的性质，即肯定或否定，由联项表示；性质判断的量由量项表示，指被断定的对象的数量。据此，性质判断的一般公式可表示为：

所有（有些）S 是（不是）P

性质判断有不同的质及不同的量。根据质和量的不同，可对性质判断进行如下分类。

第一，以性质判断的质作标准，可将性质判断分为肯定判断和否定判断。

肯定判断是断定对象具有某种性质的判断。肯定判断的联项由"是"表达。上述例（1）就是一个肯定判断。

否定判断是断定对象不具有某种性质的判断。否定判断的联项由"不是"表达。上述例（2）就是一个否定判断。

第二，以性质判断的量作标准，可将性质判断分为全称判断、特称判断和单称判断。

全称判断是断定一类对象的全部具有或不具有某种性质的判断。上述例（1）就是一个全称判断。

全称判断的量项由"所有""任何""一切"等量词表达。但在现代汉语里，全称判断的量项有时可以省略。

特称判断是断定一类对象中至少有一个对象具有或不具有某种性质的判断。上述例（2）就是一个特称判断。

特称判断的量项由"有的""有些"等量词表达。

特别值得注意的是，在现代汉语里，特称判断的量项不可以省略。而且"有的""有些"等量词除了表达"只是有一部分，不是全部"之外，还表达"有部分是（或不是），其余不是（或是）"的意思。

【案例】

（1）有些与会者是本校学生家长。

（2）有的同学不是这次运动会的志愿者。

【分析】

在日常语境下，例（1）表达的意思是"不是全部与会者都是本校学生家长，而只是部分与会者才是本校学生家长，另一部分与会者不是本校学生家长"。例（2）表达的意思是"不是全部同学不是这次运动会的志愿者，而只是部分同学不是这次运动会的志愿者，另一部分同学是这次运动会的志愿者"。

但在逻辑里，"有的""有些"等量词所表达的准确含义是"至少有一个"，既可以是 "一个"，又可以是"若干个"，甚至还可以是"所有"。表示只限于"部分是（或不是）"，而不包含"其余部分不是（或是）"之意。如上例（1）在逻辑上的意思是"至少有一个与会者是本校学生家长"，但究竟是一个与会者或者部分与会者，还是所有与会者都是本校学生家长，没有断定，其余的与会者是不是本校学生家长，也没有断定。同样，例（2）表示"至少有一个同学不是这次运动会的志愿者，但究竟是一个同学或者部分同学，还是全部同学都不是这次运动会的志愿者，并没有断定，其余的同学是不是这次运动会的志愿者，也没有断定。这就是逻辑上特称量项的特殊含义，切不可同日常语言里的相应语词的含义混淆。

单称判断是断定某一单个对象具有或不具有某种性质的判断。

【案例】

（1）曹操是一个军事家。

（2）非洲不是缺乏资源的大陆。

（3）中国最南端的那所综合性大学开始招生了。

【分析】

从现代汉语的词类看，表示单称判断主项的语词，通常是一个专有名词或摹状词，如"曹操""非洲""中国最南端的那所综合性大学"等。从逻辑概念的种类看，表示单称判断主项的概念，通常是一个单独概念。

第三，以性质判断质和量的结合为标准，可将性质判断分为全称肯定判断和全称否定判断、特称肯定判断和特称否定判断、单称肯定判断和单称否定判断六种判断。有人称之为"六君子"。

全称肯定判断是断定某类对象的全部具有某种性质的判断。

其结构式可表示为：

$$所有 S 是 P 或 没有 S 不是 P$$

全称否定判断是断定某类对象的全部不具有（否定某类对象的全部具有）某种性质的判断。

其结构式可表示为：

$$所有 S 不是 P 或 没有 S 是 P$$

特称肯定判断是断定某类对象中至少有对象具有某种性质的判断。

其结构式可表示为：

有些（有的）S 是 P

特称否定判断是断定某类对象中至少有对象不具有（否定某类对象中至少有对象具有）某种性质的判断。

其结构式可表示为：

有的（有些）S 不是 P

单称肯定判断是断定某一个对象具有某种性质的判断。

其结构式可表示为：

这个（那个）S 是 P

单称否定判断是断定某一个对象不具有（否定某一个对象具有）某种性质的判断。

其结构式可表示为：

这个（那个）S 不是 P

在以上六种性质判断中，单称判断的主项的外延只有一个对象，对它的断定（肯定或否定）就是对其主项的全部外延的断定（肯定或否定）。从这个意义上讲（也只有从这个意义上讲），单称判断和全称判断的情况是相同的。据此，在不影响判断之间关系的前提下，往往将单称判断视为全称判断的特例。这样，上述六种性质判断就可以简化为四种判断，即全称肯定判断、全称否定判断、特称肯定判断和特称否定判断。

为简便起见，分别用大写英文字母 A、E、I 和 O 表示上述四种判断，四种判断的结构式也可相应地简化为 SAP、SEP、SIP 和 SOP。传统逻辑研究性质判断，就是着重对 A、E、I 和 O 这四种判断的周延性和对当关系进行研究。四种性质判断的结构、公式如表 3.1 所示。

表 3.1 四种性质判断的结构、公式表

判断类别	字母表示	结　构　式	简化公式
全称肯定判断	A	所有 S 是 P 或没有 S 不是 P	SAP
全称否定判断	E	所有 S 不是 P 或没有 S 是 P	SEP
特称肯定判断	I	有的 S 是 P	SIP
特称否定判断	O	有的 S 不是 P	SOP

【练习】

找出下列判断的主项、谓项、联项和量项，并判定其所属类型。

（1）没有金属不是导电的。

（2）有些动物不是胎生动物。

（3）所有困难都不是不可以克服的。

（4）黄河是中国的母亲河。

（5）这个牧场里的马不都是白马。

（6）高三（2）班有的同学是中共党员。

金子与发光：性质判断主项和谓项的周延性

性质判断主项和谓项的周延性问题是传统逻辑中一个重要的理论问题。它不仅是性质判断理论中的重要内容，也是掌握性质判断理论很有用的钥匙。

所谓性质判断主项和谓项的周延性，就是指性质判断中主项或谓项外延的两种被断定情况：一种情况是主项或谓项的外延被全部断定；另一种情况是主项或谓项的外延没有被全部断定。前一种情况叫作主项或谓项周延，后一种情况叫作主项或谓项不周延。

就主项的周延情况看，在性质判断中，凡是全称判断的主项都是周延的。因为不论是全称肯定判断还是全称否定判断，其量项都是"所有"，这就清楚地表明主项的外延全部被断定，因而是周延的。而凡是特称判断的主项都是不周延的。因为不论是特称肯定判断还是特称否定判断，其量项都是"有的"，这就清楚地表明主项的外延没有被全部断定，因而是不周延的。上述练习中，（1）（3）（4）的主项周延，（2）（5）（6）的主项不周延。

可见，主项的周延性可以通过量项来判定：带有全称量项的主项都是周延的，带有特称量项的主项都是不周延的。

就谓项的周延情况看，在性质判断中，凡是否定判断的谓项都是周延的。因为无论是全称否定判断还是特称否定判断，它们都表示主项 S 不是所有 P。换句话说，都表示所有 P 和 S 之间皆为互相排斥的关系，这就说明否定判断的谓项的外延全部被断定，因而是周延的。而凡是肯定判断的谓项都是不周延的。因为不论是全称肯定判断还是特称肯定判断，它们都只是断定了主项 S 是 P，即只断定了主项 S 的外延的周延性情况，而对谓项 P 的外延的周延性情况并未予以全部断定，即并没有断定所有的 P 是 S，因而其谓项是不周延的。上述练习中，（2）（3）（5）的谓项周延，（1）（4）（6）的谓项不周延。

可见，谓项的周延性可以通过联项来判定。与否定联项相联的谓项是周延的，与肯定联项相联的谓项是不周延的。

据此，A、E、I 和 O 四种性质判断主项和谓项的周延情况是：A 判断的主项周延，谓项不周延；E 判断的主项和谓项都周延；I 判断的主项和谓项都不周延；O 判断的主项不周延，谓项周延。A、E、I 和 O 四种性质判断主项和谓项的周延情况对照如表 3.2 所示。

表 3.2　A、E、I 和 O 四种性质判断主项和谓项的周延情况对照表

判 断 类 别	主　　项	谓　　项
SAP	周延	不周延
SEP	周延	周延
SIP	不周延	不周延
SOP	不周延	周延

【练习】

分析上述练习中 6 个判断主项和谓项的周延情况。

逻辑方阵：性质判断的真假

任何判断都有真假，性质判断也不例外。

SAP、SEP、SIP 和 SOP 四种性质判断的真假，是由其主项 S 和谓项 P 的外延之间的关系决定的，这些关系就是前面所说的全同关系、真包含于关系、真包含关系、交叉关系和全异关系。A、E、I 和 O 四种性质判断的真假情况对照如表 3.3 所示。

表 3.3　A、E、I 和 O 四种性质判断的真假情况对照表

类型	外延关系				
	S、P	P / S	S / P	S　P	S　P
A	真	真	假	假	假
E	假	假	假	假	真
I	真	真	真	真	假
O	假	假	真	真	真

掌握 A、E、I 和 O 四种性质判断的真假情况，可以帮助我们进一步了解性质判断之间的对当关系。

马克·吐温够损：性质判断之间的对当关系

性质判断之间的对当关系是指，具有相同要素（相同主项和谓项）的 A、E、I 和 O 四种判断之间的真假制约关系，包括矛盾关系、反对关系、下反对关系和差等关系。这些关系可以从表 3.3 得到说明。

第一，A 与 O、E 与 I 之间的关系。从表中第一行和第四行、第二行和第三行的真假情况可以看到，在 A 与 O 或者 E 与 I 之间，若一个判断为真，则另一个判断必为假；反之，若一个判断为假，则另一个判断必为真。这种既不能同为真，也不能同为假的关系，逻辑上叫作矛盾关系。

第二，A 与 E 之间的关系。从表中第一行和第二行的真假情况可以看到，在 A 与 E 之间，若一个判断为真，则另一个判断必为假；若一个判断为假，则另一个判断可为真可为假。这种不能同为真，但可以同为假的关系，逻辑上叫作反对关系。

第三，I 与 O 之间的关系。从表中第三行和第四行的真假情况可以看到，在 I 与 O 之间，若一个判断为假，则另一个判断必为真；若一个判断为真，则另一个判断可以为真，也可以为假。这种不能同为假，但可以同为真的关系，逻辑上叫作下反对关系。

第四，A 与 I、E 与 O 之间的真假关系。从表中第一行和第三行、第二行和第四行的真假情况可以看到，在 A 与 I 或者 E 与 O 之间，若前者为真，则后者必为真；若前者为假，则后者可以为真，也可以为假；反之，若后者为假，则前者必为假；若后者为真，则前者可以为假，也可以为真。这种关系逻辑上叫作差等关系或从属关系。

A、E、I 和 O 四种性质判断之间的对当关系，逻辑上通常用一个正方形来直观地表达。这就是传统逻辑方阵，如图 3.4 所示。

性质判断之间的对当关系可以帮助我们分析一些有意义的问题，做一些有意义的事情。

第一，利用性质判断的对当关系，可以用一个具有矛盾关系的判断，准确地反驳另一判断。

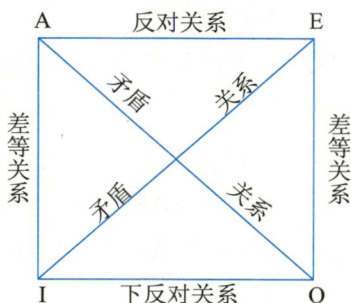

图 3.4 逻辑方阵图

【思考】

如何评价马克·吐温的以下言论？

美国著名作家马克·吐温有一次在酒会上答记者问时说："美国国会中的有些议员是狗娘养的。"

此话一出，华盛顿的议员们就纷纷要求马克·吐温公开道歉，并以法律诉讼相威胁。

马克·吐温在《纽约时报》上发表了道歉声明：

日前，鄙人在酒会上的发言，说："美国国会中的有些议员是狗娘养的。"事后有人向我兴师问罪。我考虑再三，觉得此话不恰当，而且也不符合事实。故特此登报声明，把我的话修改为："美国国会中的有些议员不是狗娘养的。"

第二，运用性质判断的对当关系，在已知一个判断真假的情况下，可推出另外三个判断的真假情况。这就是所谓性质判断的对当关系推理。

1.矛盾关系推理：根据矛盾关系，在 A 和 O、E 和 I 之间，由真可以推出假，由假可以推出真。

（1）SAP 真 → SOP 假　　SAP → $\overline{SOP}$

（2）SOP 假 → SAP 真　　$\overline{SOP}$ → SAP

（3）SOP 真 → SAP 假　　SOP → $\overline{SAP}$

（4）SAP 假 → SOP 真　　$\overline{SAP}$ → SOP

（5）SIP 真 → SEP 假　　SIP → $\overline{SEP}$

（6）SEP 假 → SIP 真　　$\overline{SEP}$ → SIP

（7）SEP 真 → SIP 假　　SEP → $\overline{SIP}$

（8）SIP 假 → SEP 真　　$\overline{\text{SIP}} \rightarrow \text{SEP}$

2. 反对关系推理：根据反对关系，在 A 和 E 之间，由假不能推出真，由真可以推出假。

（1）SAP 真 → SEP 假　　$\text{SAP} \rightarrow \overline{\text{SEP}}$

（2）SEP 真 → SAP 假　　$\text{SEP} \rightarrow \overline{\text{SAP}}$

3. 下反对关系推理：根据下反对关系，在 I 和 O 之间，由真不能推出假，由假可以推出真。

（1）SIP 假 → SOP 真　　$\overline{\text{SIP}} \rightarrow \text{SOP}$

（2）SOP 假 → SIP 真　　$\overline{\text{SOP}} \rightarrow \text{SIP}$

4．差等关系推理：根据下反对关系，在 A 和 I、E 和 O 之间，由全称判断假不能推出特称判断假，由特称判断真不能推出全称判断真；由全称判断真可以推出特称判断真，由特称判断假可以推出全称判断假。

（1）SAP 真 → SIP 真　　$\text{SAP} \rightarrow \text{SIP}$

（2）SEP 真 → SOP 真　　$\text{SEP} \rightarrow \text{SOP}$

（3）SIP 假 → SAP 假　　$\overline{\text{SIP}} \rightarrow \overline{\text{SAP}}$

（4）SOP 假 → SEP 假　　$\overline{\text{SOP}} \rightarrow \overline{\text{SEP}}$

【练习】

（1）举例说明以上四类 16 种推理的正确性。

（2）请列举出以上四类推理中不正确的推理形式（如：反对关系推理中 SAP 假→SEP 真），并说明理由。

以上已经由性质判断进入到性质判断推理。对当关系推理是性质判断直接推理的一种，除此之外，性质判断推理还包括性质判断变形推理。

3.3 "该来的没来"：性质判断变形推理

性质判断变形推理就是根据性质判断联项的质及主项和谓项外延的周延情况，通过改变联项的性质或主项和谓项的位置而进行的推理方法。它包括换质法、换位法和换质位法等。

肯定与否定：换质法

所谓换质法，也叫作换质推理，就是通过改变性质判断联项的质，并将性质判断的谓项改换成与之相矛盾的概念，从一个判断推出另一个新判断的推理方法。

【案例】

（1）任何困难都是可以克服的，所以，任何困难都不是不可以克服的。

（2）故意犯罪不是没有犯罪动机的犯罪，因此，故意犯罪是有犯罪动机的犯罪。

【分析】

例（1）将前提的肯定联项"是"改为"不是"，将前提的谓项"可以克服的"这个肯定概念改变为与它相矛盾的否定概念"不可以克服的"。

可用公式表示为：

$$SAP \rightarrow SE\overline{P}$$

公式里的"$\overline{P}$"是"P"的否定，即与"P"相矛盾的概念，读作"非P"。

例（2）将前提的否定联项"不是"改为"是"，将前提的谓项"没有犯罪动机的犯罪"这个否定概念改变为与它相矛盾的肯定概念"有犯罪动机的犯罪"。

可用公式表示为：

$$SE\overline{P} \rightarrow SAP$$

从上述案例及分析可见，换质法的一般步骤有两个。

第一步，改变作为前提的性质判断联项的质，即将肯定联项改变为否定联项，或将否定联项改变为肯定联项。

第二步，改变作为前提的性质判断的谓项，将谓项改变为与它相矛盾的概念，即将肯定概念改变成相应的否定概念，或将否定概念改变成相应的肯定概念。

按照上述方法和步骤，A、E、I 和 O 四种性质判断通过换质后，可得出相应的结论。分别用公式表示为：

$$SAP \rightarrow SE\overline{P}$$
$$SEP \rightarrow SA\overline{P}$$

$$SIP \rightarrow SO\overline{P}$$
$$SOP \rightarrow SI\overline{P}$$

换质法把肯定判断改变为否定判断，把否定判断改变为肯定判断，有助于人们从正反两个方面认识同一个对象，增强对对象断定的语言表达效果，是一种常用的简单判断推理方法。

换位思考：换位法

所谓换位法，也叫作换位推理，就是通过变换性质判断主项和谓项的位置，从一个判断推出另一个新判断的推理方法。

【案例】

（1）所有唯物主义者都不是有神论者，所以，所有有神论者都不是唯物主义者。

（2）有些物理学家是哲学家，因此，有些哲学家是物理学家。

【分析】

例（1）将前提的主项"唯物主义者"和谓项"有神论者"互相调换位置，从一个判断推出一个新判断。

可用公式表示为：

$$SEP \rightarrow PES$$

例（2）将前提的主项"物理学家"和谓项"哲学家"互相调换位置，从一个判断推出一个新判断。可用公式表示为：

$$SIP \rightarrow PIS$$

从上述例子可见，换位法的步骤十分简单，只需要将性质判断主项和谓项的位置互换就能达到目的。但是，换位法并不是各种性质判断都是可以无条件地适用的。它必须遵守一条逻辑规则，即，在前提中不周延的项，在结论中也不得周延。否则，结论所断定的范围就会超出前提所断定的范围，就不能保证推理的有效性和正确性。违反这条规则就会犯"词项扩大"的逻辑错误，所进行的换位推理就是无效推理。

【案例】

（1）所有科学家都是知识分子，所以，所有知识分子都是科学家。

（2）有些人不是丧失良知的贪婪之徒，因此，有些丧失良知的贪婪之徒不是人。

【分析】

在这里，"知识分子""人"在前提中分别作肯定判断的谓项和特称判断的主项，都不是周延的。但通过换位，它们在结论中分别作全称判断的主项和否定判断的谓项，都变得周延了。这就违反了"在前提中不周延的项，在结论中也不得周延"的规则，犯了"词项扩大"的错误，所以是错误的推理。

进一步讲，为了保证换位推理的正确性，例（1）可改为：所有科学家都是知识分子，所以，有些知识分子是科学家。

这样，"知识分子"在结论中做特称判断的主项，不周延，没有违反推理规则，是一个有效的推理。可用公式表示为：

$$SAP \rightarrow PIS$$

可见，全称肯定判断作前提的换位推理，其结论只能是一个特称肯定判断。

根据上述规则，例（2）以特称否定判断作前提，不能通过换位推理，推出有效的结论，即下列推理无效。可用公式表示为：

$$SOP \rightarrow POS$$

由此，可以引出换位推理的两个定理：

定理 3.1 以全称肯定判断作前提的换位推理，其结论只能是一个特称肯定判断；

定理 3.2 以特称否定判断作前提不能进行换位推理。

综上所述，按照换位法的步骤和规则，对 A、E、I 进行换位推理，能得出如下结论。

可分别用公式表示为：

$$SAP \rightarrow PIS$$
$$SEP \rightarrow PES$$
$$SIP \rightarrow PIS$$

换位推理调换性质判断主项和谓项的位置，变换断定的对象，有助于从不同的方面加深对被断定对象的认识，也是一种常用的简单判断推理。

"不该走的走了"：换质位法

换质位法，也叫作换质位推理，是通过对前提先进行换质，再对换质所得的结论进行换位，从一个判断推出另一个新判断的推理方法。

【案例】

凡真理都是不怕批评的，所以，凡怕批评的都不是真理。

【分析】

这就是一个换质位推理。它首先是将前提"凡真理都是不怕批评的"进行换质推理，得到结论"凡真理都不是怕批评的"；然后再对这结论进行换位推理，得到结论"凡怕批评的都不是真理"。其推理过程可用公式表示为：

$$SAP \rightarrow SE\overline{P} \rightarrow \overline{P}ES$$

从案例可见，换质位法是换质法和换位法的结合运用，它既要改变前提联项的质，又要调换前提主项和谓项的位置。

其推理步骤分为两个：

第一步，对前提进行换质推理，得出相应的结论；

第二步，对第一步所得到的结论进行换位推理，得到相应的结论，作为该换质位推理的结论。

由于换质位推理的第二步是进行换位推理。因此，它也必须遵守换位推理的规则。

根据换质位推理的步骤和规则，以特称肯定判断（I 判断）为前提，不能进行换质位推理。因为 I 判断换质后得到一个 O 判断，而 O 判断不能进行换位。

定理 3.3 I 判断不能进行换质位推理。

这样，对 A、E 和 O 进行换质位推理，可得出相应的结论。其推理过程可用公式表示为：

$$SAP \rightarrow SE\overline{P} \rightarrow \overline{P}ES$$
$$SEP \rightarrow SA\overline{P} \rightarrow \overline{P}IS$$
$$SOP \rightarrow SI\overline{P} \rightarrow \overline{P}IS$$

换质位法可根据需要，按照换质换位的顺序多次反复进行，只要遵守相应的逻辑规则，推理就是正确的。

【案例】

前提：凡真理都是不怕批评的；

换质：凡真理都不是怕批评的；

换位：凡怕批评的都不是真理；

换质：凡怕批评的都是非真理；

换位：有些非真理是怕批评的；

换质：有些非真理不是不怕批评的。

【分析】

这是一个遵守了逻辑规则，多次交替进行换质法和换位法的正确推理。其推理过程可用公式表示为：

$$SAP \rightarrow SE\overline{P} \rightarrow \overline{P}ES \rightarrow \overline{P}A\overline{S} \rightarrow \overline{S}I\overline{P} \rightarrow \overline{S}OP$$

【练习】

有个人请客，四个客人有三个先来了，主人心里很焦急，就说："该来的客人还没来！"一个敏感的客人听到了，心想："该来的没来，那我是不该来的啰？"便告辞了。

主人越发着急了，说："怎么不该走的，又走了呢？"又一个客人一听，心想："走了的是不该走的，那我这没走的倒是该走了！"于是又走了。

主人大叫冤枉，急忙解释说："我并不是叫他们走哇！"最后一位客人听了大为光火，说："不是叫他们走，那就是叫我走啰！"说完，头也不回地离开了。

请分析主人是如何得罪了客人的。

换质位推理既具有换质法的优点，又具有换位法的长处。在实际思维中，常常运用这种方法全面、深入地认识对象，完善地表达和交流思想。

以上介绍的性质判断变形推理，和前面介绍的对当关系推理一样，其前提都是由一个性质判断构成，直接推出一个新判断作为结论。这种推理，逻辑上统称为性质判断直接推理。在实际运用中，由两个或两个以上性质判断作前提，推出一个新判断作为结论的情况也十分普遍。这种推理方法就是通常所说的三段论推理，简称三段论。

3.4　大个子与大胡子：三段论推理

三段论，也叫作三段论推理，就是通过一个共同的概念（词项）将两个性质判断联结起来作前提，由此推出一个新的性质判断作结论的推理方法。

【案例】

珍稀动物是应依法加以保护的，大熊猫是珍稀动物；所以，大熊猫是应依法加以保护的。

【分析】

这就是一个三段论推理。它通过"珍稀动物"这一共同的概念，把"珍稀动物都是应依法加以保护的"和"大熊猫是珍稀动物"这两个判断联结起来，从而推出"大熊猫是应依法加以保护的"这一新判断。

三段论由大前提、小前提、结论和大项、中项、小项六个部分（要素）组成。其中，联结两个性质判断的那个共同的概念叫作中项，通常用大写英文字母 M 表示，如上例中的"珍稀动物"。推出的那个新的性质判断叫作结论，如上例中的"大熊猫是应依法加以保护的"。结论中的主项叫作小项，通常用大写英文字母 S 表示，如上例中的"大熊猫"。结论中的谓项叫作大项，通常用大写英文字母 P 表示，如上例中的"应依法加以保护的"。由中项联结的那两个性质判断叫作前提，其中包含大项的前提叫作大前提，如上例中的"珍稀动物都是应依法加以保护的"；包含小项的前提叫作小前提，如上例中的"大熊猫是珍稀动物"。

三段论的一般形式可表示为：

$$\frac{\begin{array}{c} M\text{——}P \\ S\text{——}M \end{array}}{S\text{——}P}$$

三段论推理的自然语言表现形式一般是因果复句，联结词通常用"因为……所以……""……所以……""之所以……是因为……"等表达。三段论的表述一般是原因在前，结果在后。但有时也可以采用结果在前，原因在后的表述形式。

此外，前提中也可以是小前提在前，大前提在后。在这些情况下，要特别注意准确判定三段论的结构和要素。

【练习】

分别指出下列三段论的结构和要素。

（1）海藻是生物，而海藻是不能自己移动的，因此，有些生物是不能自己移动的。

（2）大熊猫是应依法加以保护的，因为，大熊猫是珍稀动物，而珍稀动物是应依法加以保护的。

（3）之所以改革开放政策是受到人民拥护的政策，那是因为改革开放政策是符合人民利益的政策，而符合人民利益的政策都是受到人民拥护的政策。

保护大熊猫：三段论的公理

三段论之所以能从两个已知的性质判断推出另一个新的性质判断，是有其逻辑根据的。这个根据就是三段论的公理。

三段论的公理就是指：若一类对象的全部具有或不具有某种属性，那么，该类对象中的部分也具有或不具有该种属性。换言之，若对一类对象的全部有所断定（肯定或否定），那么，对该类对象中的部分对象也有所断定（肯定或否定）。三段论的公理的含义，可以通过图 3.5 来说明。

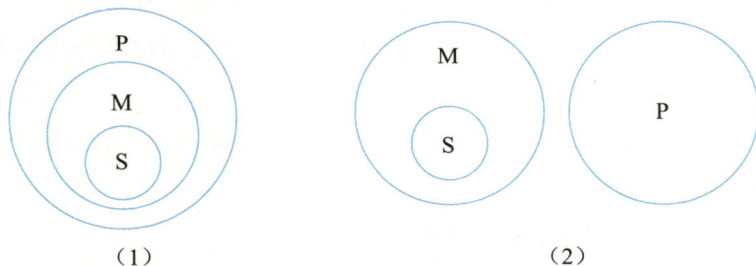

（1）　　　　　　　　　　　　　　（2）

图 3.5　三段论的公理图

图 3.5（1）表示 M 类对象的全部是 P，而 S 是 M 类对象中的部分对象；所以 S 是 P。

可用公式表示为：

$$\frac{\begin{array}{l} M\ A\ P \\ S\ A\ M \end{array}}{S\ A\ P}$$

图 3.5（2）表示 M 类对象的全部不是 P，而 S 是 M 类对象中的部分对象；所以，S 不是 P。

可用公式表示为：

$$\frac{\begin{array}{l} M\ E\ P \\ S\ A\ M \end{array}}{S\ E\ P}$$

【练习】

试用三段论的公理说明下列推理的正确性。

珍稀动物是应依法加以保护的，大熊猫是珍稀动物；所以，大熊猫是应依法加以保护的。

三段论推理是从对一类对象的全部进行断定，推演到对该类对象的部分的断定，即从对一般性知识的断定推演到特殊（或个别）性知识的断定，最典型地体现了演绎推理的一般特点，是说明问题表达思想的重要方法，因此三段论推理在逻辑中占有重要地位。

体罚与罚站：三段论的规则

三段论推理有正确和错误、有效和无效的区别。什么样的三段论是正确的、有效的，什么样的三段论是错误的、无效的呢？一句话，凡是符合三段论推理规则的就是正确的、有效的；反之，凡是违反三段论推理规则的就是错误的、无效的。

三段论的规则是三段论公理的具体化，是三段论推理必须遵守的逻辑规则。三段论的规则共有以下几条。

第一条：中项在前提中至少要周延一次。

中项在前提中起着联结大项和小项的中介作用。要使中项在三段论中起到中介作用，就必须使大项或小项至少有一项与中项的全部外延发生联系，所以，中项的全部外延必须至少被断定一次。反之，如果中项在前提中一次都不周延，那么，中项与大项、小项的关系就不能得到确认，推理的正确性和有效性就得不到保证。所以，中项在前提中至少要周延一次。违反这条规则就会犯"中项不周延"的逻辑错误。

【案例】

中子是基本粒子，有些基本粒子是不带电的，所以，中子是不带电的。

【分析】

这个三段论的中项"基本粒子"在大、小前提中分别作肯定判断的谓项和特称判断的主项，都不周延。这就违反了中项在前提中至少要周延一次的规则，犯了"中项不周延"的错误。

其推理形式为：

$$
\begin{array}{c}
\text{M I P} \\
\text{S A M} \\
\hline
\text{S A P}
\end{array}
$$

第二条：在前提中不周延的项，在结论中也不得周延。

三段论的结论是从前提推导出来的，因此，结论所断定的范围就不能超出前提所断定的范围。否则，如果前提中只断定了大项或小项的部分外延，而结论却断定它们的全部外延，这样从前提就不能必然地推出结论，就不能保证推理的正确性。

违反这条规则有两种情形。

第一，大项在前提中不周延，在结论中周延。

【案例】

贪污罪是故意犯罪，受贿罪不是贪污罪，所以，受贿罪不是故意犯罪。

【分析】

这个三段论的大项"故意犯罪"在前提中作肯定判断的谓项，不周延，但在结论中作否定判断的谓项，周延了。这就违反了在前提中不周延的项在结论中也不得周延的规则。这种情形，逻辑上叫作"大项扩大"或"大项不当周延"。

其推理形式为：

$$
\begin{array}{c}
\text{M A P} \\
\text{S E M} \\
\hline
\text{S E P}
\end{array}
$$

第二，小项在前提中不周延，在结论中周延。

【案例】

所有自然数是整数，所有自然数是有理数，所以，所有有理数是整数。

【分析】

这个三段论的小项"有理数"在前提中作肯定判断的谓项，不周延，但在结论中却作全称判断的主项，周延了。这也违反了在前提中不周延的项在结论中也不得周延的规则。这种情形，逻辑上叫作"小项扩大"或"小项不当周延"。

其推理形式为：

$$\frac{\begin{array}{l} M \quad A \quad P \\ M \quad A \quad S \end{array}}{S \quad A \quad P}$$

根据以上两种情形，从前提出发都不能必然地推出结论，也都不能保证推理的有效性，这样的推理都是错误的。所以，在前提中不周延的项，在结论中也不得周延。

【思考】

（1）根据在前提中不周延的项，在结论中也不得周延的规则，能否推论出：结论中周延的项，在前提中也必须周延？为什么？

（2）根据在前提中不周延的项，在结论中也不得周延的规则，能否推论出：前提中周延的项，在结论中也必须周延？为什么？

第三条：至少有一个前提是肯定判断。

否定判断的主项和谓项是互相排斥的。如果三段论的两个前提都不是肯定判断，那么，大项和小项同中项都是互相排斥的。这样，中项就起不到联结大项和小项的中介作用，因而也就不能把大项和小项必然地联结起来，也就无法推出关于大项和小项的确定性结论。违反这条规则，就会犯"前提不肯定"的逻辑错误。

【案例】

所有高级干部都不是未成年人，所有科学家都不是未成年人，所以，所有科学家都不是高级干部。

【分析】

这个三段论的两个前提都是正确的，但推出的结论却是错误的。原因就是两个前提没有一个是肯定判断。

其推理形式为：

$$\frac{\begin{array}{l} P \quad E \quad M \\ S \quad E \quad M \end{array}}{S \quad E \quad P}$$

定理 3.4 三段论中，两个否定前提推不出结论。

第四条：前提中有一个是否定判断，结论也必然是否定判断。

根据三段论至少有一个前提是肯定判断的规则，前提中有一个是否定判断，则另一个前提就必然是肯定判断。这样，中项就同大项或小项中的一个发生联系，而同另一个相排斥。不论大前提是否定判断还是小前提是否定判断，大项和小项都是相互排斥的，其结论都是否定判断。如果前提中有一个否定判断，而结论却是一个肯定判断，就会犯"结论不当肯定"的逻辑错误。

【案例】

（1）故意犯罪要负刑事责任，正当防卫不负刑事责任，所以，正当防卫不是故意犯罪。

（2）体罚不是教育的真正目的，罚站是体罚，所以，罚站不是教育的真正目的。

【分析】

例（1）的大前提是肯定判断，小前提是否定判断，其结论是否定判断；例（2）的大前提是否定判断，小前提是肯定判断，其结论是否定判断。

第五条：如果结论是否定判断，则前提中必有一个是否定判断。

结论是通过中项的中介作用而确立起来的大项和小项之间的联系。结论是否定判断，表明前提中的中项与大项相排斥，或中项与小项相排斥，二者必居其一。所以，如果结论是否定判断，则前提中必有一个是否定判断。违反这条规则，就要犯"前提不当肯定"的错误。

第六条：至少有一个前提是全称判断。

在三段论中，如果两个前提都是特称判断，则前提的组合只有三种可能情形，即（1）II、（2）IO 和（3）OO。以下证明显示，每一种情况都推不出确定的结论。

（1）II：两个前提为特称肯定判断。

由性质判断主项和谓项的周延性原理可知，I 判断的主项和谓项都不周延，即在这种情形下，没有一个项是周延的。

因此，中项是不周延的。这就违反了中项在前提中至少要周延一次的规则，会犯"中项不周延"的错误，因而不能推出确定的结论。

（2）IO：一个前提为特称肯定判断，另一个前提为特称否定判断。

在这种情形下，只有 O 判断的谓项是周延的。

而这个唯一周延的项或者作大项，或者作中项。

如果作大项，则中项不周延，违反中项在前提中至少要周延一次的规则，会犯"中项不周延"的错误。

如果作中项，则大项不周延。

又根据前提是否定判断，结论也必然是否定判断的规则，只能推出否定判断作结论。

结论是否定判断，则其谓项，即大项是周延的。

而大项在前提中不周延，这又会违反在前提中不周延的项，在结论中也不得周延的规则，会犯"大项扩大"的错误。

所以，无论这个唯一周延的项作大项还是作中项，都不能推出确定的结论。

【练习】

请参照以上步骤，对情形（2）进行证明，并写出详细证明过程。如有可能，考虑证明有没有其他的方法或步骤。

（3）OO：两个前提为特称否定判断。

根据前提中至少应有一个肯定判断的规则，这种情形犯了"前提不肯定"的错误，因而仍然推不出结论。

综上所述，以两个特称判断为前提都会违反相应的规则，不能推出确定的结论，前提中至少应有一个是全称判断，违反这条规则就会犯"前提不全称"的错误。

定理 3.5 三段论中，两个特称前提推不出结论。

第七条：前提中有一个是特称判断，结论也必然是特称判断。

根据三段论至少应有一个全称判断作前提的规则，如果一个前提是特称判断，则另一个前提就必然是全称判断。

这样，前提的组合就有四种可能情况，即（1）IA、（2）IE、（3）OA 和（4）OE。以下证明显示，在这四种情况下，如果能推出结论，则结论必然是特称判断。

（1）IA：一个前提是特称肯定判断，一个前提是全称肯定判断。

根据性质判断主项和谓项的周延性原理，在这种情况下，只有 A 判断的主项是周延的。

这个唯一周延的项，只能作三段论的中项，否则就会违反中项在前提中至少要周延一次的规则，会犯"中项不周延"的错误。

既然前提中唯一周延的项作了中项，则小项在前提中不周延。

根据在前提中不周的项，在结论中也不得周延的规则，小项在结论中也不得周延。

可见，结论就只能是一个特称判断。

（2）IE：一个前提是特称肯定判断，另一个前提是全称否定判断。

根据性质判断主项和谓项的周延性原理，在这种情形下，E 判断的主项和谓项都是周延的。

根据前提中有一个判断否定，结论必然否定的规则，结论一定是否定判断。

因此，这两个周延的项中，一个必须作中项，否则就会犯"中项不周延"的错误；另一个必须作大项，否则就会犯"大项扩大"的错误。

这样，小项在前提中也是不周延的。

为了避免犯"小项扩大"的错误，所以，小项在结论中也不得周延。

可见，结论仍只能是一个特称判断。

（3）OA：一个前提是特称否定判断，另一个前提是全称肯定判断。

根据性质判断主项和谓项的周延性原理，在这种情形下，O 判断的谓项和 A 判断的主项是周延的。同情形（2）的证明方法类似，结论也只能是一个特称判断。

【练习】

请根据此前的证明方法，对情形（3）加以证明，并写出详细步骤和依据。

（4）OE：一个前提是特称否定判断，另一个前提是全称否定判断。

根据两个否定的前提推不出结论的定理，前提中至少应有一个肯定判断。因此，在这种情形下也不能推出一个全称判断。

综上所述，如果前提中有一个是特称判断，则结论必然是特称判断。违反这条规则，就会犯"结论不当全称"的错误。

【思考】

根据前提中有一个是特称判断，则结论必然是特称判断的规则，能否推论出如果结论是特称判断，则前提也必然是特称判断？为什么？

值得一提的是，在以上三段论的七条规则中，前两条是关于三段论的项的规则，后五条是关于三段论的前提和结论的规则。前五条是三段论的基本规则，后两条可以根据前五条规则加以证明，是三段论的导出规则。但在一般情况下，我们也可以将这七条规则都视为三段论必须遵守的一般规则，作为检验三段论是否有效和正确的一般标准。

此外，任何一个正确的三段论必须同时满足以上规则，只要违反其中任何一条，就会犯相应的逻辑错误，都是无效推理。而一个错误的推理，可能同时违反以上推理规则中的多条规则。认真完成下面的练习，就可以从中得出这样的结论。

【练习】

（1）用三段论的一般规则判明下列推理是否有效，并说明理由。

① 有些中学生是运动员，有些中学生是发明家，所以，有些发明家是运动员。

② 律师都要懂法律，厨师不是律师，因此，厨师不懂法律。

③ 鲁迅的著作不是一天能够读完的，《药》是鲁迅的著作，所以，《药》不是一天能读完的。

④ 电影不是电视，电视不是广播，所以，广播不是电影。

（2）将下列三段论的有效形式补充完整，并说明理由。

①

( )	E	( )
S	( )	M
S	( )	P

②

( )	( )	( )
( )	O	( )
S	( )	P

③

( )	A	( )
S	( )	M
S	E	P

（3）完成下列各题。

① 一个正确的三段论，如果其结论是一个全称判断，为什么中项不能两次都周延？

② 证明：有效三段论如果小前提为特称否定判断，则其大前提必然是全称肯定判断。

③ 证明：结论否定的正确三段论，其大前提不能是特称肯定判断。

审判 VS 辩护：三段论的格和式

从以上介绍可以看到，在不同的三段论中，中项在前提中的位置和组成三段论的判断类型是各不相同的。这种不同的形式就构成了三段论的不同的格和不同的式。

三段论的格

所谓三段论的格，就是指由于中项在前提中位置的不同而构成的三段论的不同形式。

三段论共有四个不同的格。每个格都有自己的结构特点、规则和独特作用。其中，各个格的规则是由上述三段论的一般规则引申出来的，叫作三段论各个格的特殊规则。

下面分别对各个格的结构特点、特殊规则及独特作用逐一加以介绍。

第一格：中项在大前提中作主项，在小前提中作谓项。

其结构式可表示为：

$$\frac{\begin{array}{ccc} M & \!\!\!\!\!\diagdown\!\!\!\!\! & P \\ S & \!\!\!\!\!\diagup\!\!\!\!\! & M \end{array}}{S \text{———} P}$$

【练习】

从前述例句中找出至少 3 个第一格的三段论，并分析其结构形式。

根据三段论推理的一般规则，结合第一格三段论的结构特点，第一格的三段论必须遵守两条特殊规则。

第一条：小前提必须是肯定判断。

证明：

假设大小前提不是肯定判断而是否定判断，那么，大前提就必然是肯定判断，因为以两个否定判断作前提不能推出结论。

大前提是肯定判断，则大项就不周延，因为肯定判断的谓项都不周延，而第一格的三段论推理大前提的谓项就是大项。

既然大项在前提中不周延，在结论中也不得周延，因而结论就一定是肯定判断，否则就会犯"大项扩大"的错误。

但是，由于前面已假设小前提是否定判断，故根据前提中有一否定判断，则结论也必然为否定判断的规则，推出的结论也一定是否定判断。

可见，从假设出发推出互相矛盾的结论。

因此，小前提不能是否定判断，而必须是肯定判断。

第二条：大前提必须是全称判断。

证明：

假设大前提不是全称判断而是特称判断，那么，由于第一格的三段论推理大前提的主项是中项，中项在大前提中就是不周延的，因为特称判断的主项都不周延。

既然中项在大前提中不周延，在小前提中就必须周延，否则就会犯"中项不周延"的错误；而中项要在小前提中周延，小前提就必须是否定判断，因为只有否定判断的谓项才周延。

但第一格的三段论推理小前提的小项是谓项，若它是周延的，小前提就必须是否定判断，这就和前面已证明过的"小前提必须是肯定判断"相矛盾。

可见，大前提必须是全称判断。

第一格三段论推理的结构特点和特殊规则，决定了它在日常思维和语言表达中有着重要的作用。

第一格三段论推理，通过大前提的全称判断断定一类事物的全部对象具有或不具有某种属性，推论出该类事物的部分对象具有或不具有该种属性，既完善又典型地表明了从一般到特殊或者个别的演绎性质，又很好地体现了三段论推理的公理特征。因此，第一格被称作"完善格""典型格"或"标准格"。根据一般性的知识推论或说明特殊或个别性的知识，往往都要用到第一格三段论。

【案例】

（1）任何真理都是发展变化的，马克思主义是真理，所以，马克思主义是发展变化的。

（2）所有违法行为都是要负法律责任的行为，干涉他人婚姻自由的行为是违法行为，所以，干涉他人婚姻自由的行为是要负法律责任的行为。

【分析】

例（1）从"真理都是发展变化的"这个一般性前提，推出"马克思主义是发展变化的"这个特殊性结论，使用了第一格三段论。例（2）由"违法行为都是要负法律责任的行为"这个一般性前提，推出"干涉他人婚姻自由的行为是要负法律责任的行为"这一个别性结论，使用了完善格的三段论。

在司法实践中，法官常常运用第一格的三段论进行定罪和量刑。所以，第一格的三段论在法律实践中被称为审判三段论（定罪三段论、量刑三段论），第一格也被称为"审判格"。

【练习】
试举例说明法官是如何运用第一格三段论进行定罪和量刑的。

第二格：中项在大前提和小前提中都作谓项。
其结构式可表示为：

$$\frac{\begin{array}{l}P——M\\S——M\end{array}}{S——P}$$

【练习】
从前述例子中找出至少 2 个第二格的三段论，并分析其结构形式。

根据三段论推理的一般规则，结合第二格三段论的结构特点，第二格三段论必须遵守两条特殊规则。

第一条：有一个前提必须是否定判断。

证明：

假设两个前提都是肯定判断，那么它们的谓项都是不周延的，因为肯定判断的谓项都不周延。

由于第二格三段论推理的中项在两个前提中都作谓项，因而中项在前提中一次都不周延。这就必然违反中项在前提中至少要周延一次的规则，会犯"中项不周延"的错误。

可见，两个前提都是肯定判断的假设不能成立，有一个前提必须是否定判断。

第二条：大前提必须是全称判断。

证明：

假设大前提不是全称判断，而是特称判断，则其主项就不周延，因为特称判断的主项都不周延；而第二格三段论推理的大项正是大前提的主项，故它是不周延的。

根据前提中不周延的项在结论中也不得周延的规则，大项在结论中也不得周延，否则就会犯"大项扩大"的错误。

既然大项在结论中不得周延，那么，结论就只能是一个肯定判断。

由于结论是肯定判断，那么根据前提中有一个是否定判断，其结论也必然是否定判断的规则，可见，其前提中没有一个否定判断。而这样，就和前面已证明过的"有一个前提必须是否定判断"相矛盾。

所以，大前提必须是全称判断。

由于第二格三段论推理的前提必须有一个否定判断，这样其结论也必然是否定判断。因此，它常常被用来反驳与结论相矛盾或相反对的肯定判断，也可以用来指明两个或两类事物之间的区别。所以，第二格也叫作"区别格"或"否定格"。

【案例】

（1）教师是从事教育工作的人，建筑师不是从事教育工作的人，所以，建筑师不是教师。

（2）重大责任事故罪的主体是直接从事生产的人员和直接指挥生产的人员，被告人不是直接从事生产的人员和直接指挥生产的人员，所以，被告人不是重大责任事故的主体。

【分析】

例（1）运用第二格三段论，把"教师"和"建筑师"加以区别。例（2）也运用第二格三段论，把"被告人"和"重大责任事故的主体"加以区别。

在司法实践中，律师常常运用第二格三段论为当事人进行辩护。所以，有人把第二格称为"辩护格"。

【练习】

试举例说明律师是如何运用第二格三段论进行辩护的。

第三格：中项在大前提和小前提中都作主项。

其结构式可表示为：

$$
\begin{array}{c}
M \text{——} P \\
M \text{——} S \\
\hline
S \text{——} P
\end{array}
$$

【练习】

从上述例子中找出第三格三段论，并分析其结构形式。

根据三段论的一般规则，结合第三格三段论的结构特点，第三格三段论必须遵守两条特殊规则。

第一条：小前提必须是肯定判断。

证明：

假设小前提不是肯定判断，而是否定判断，那么，根据前提中有一个判断是否定判断，其结论也必然是否定判断的规则，结论一定是否定判断。

结论是否定判断，则其谓项即大项是周延的，因为否定判断的谓项是周延的。

根据前提中不周延的项，在结论中也不得周延的规则，大项在大前提中也是周延的，因而大前提是否定判断，因为作为谓项的大项只有在否定判断中才是周延的。而第三格三段论推理的大前提的大项正是谓项，故它也是周延的。

这样，小前提和大前提就都是否定判断，而两个否定判断为前提的三段论，不能推出任何必然性的结论。

可见，小前提必须是肯定判断。

第二条：结论必须是特称判断。

证明：

假设结论不是特称判断，而是全称判断，那么，其主项即小项就是周延的，因为全称判断的主项都是周延的。

根据前提中不周延的项在结论中也不得周延的规则，小项在小前提中也必然是周延的，否则就会犯"小项扩大"的错误。

小项在小前提中周延，则小前提就必然是否定判断，因为作谓项的小项只有在否定判断中才周延。而第三格三段论小前提的小项正是其谓项，故它也是周延的。

这样，就和前面已经证明过的"小前提必须是肯定判断"相矛盾。

可见，假设结论是全称判断是不能成立的，结论必须是特称判断。

由于第三格三段论的结论是特称判断，因此常常被用来指出特殊情况，从而反驳与之相矛盾的全称判断。所以，第三格又叫作"反驳格"或"例证格"。

【案例】

教师是教育工作者，教师是传道授业解惑者，所以，有些传道授业解惑者是教育工作者。

【分析】

案例运用第三格三段论，对"教育工作者"进行了例证。

第四格：中项在大前提中作谓项，在小前提中作主项。

其结构式可表示为：

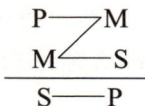

$$
\begin{array}{c}
P \diagdown M \\
M \diagup S \\
\hline
S \text{——} P
\end{array}
$$

根据三段论的一般规则，结合第四格三段论的结构特点，第四格三段论必须遵守五条特殊规则。

第一条：若前提中有一个否定判断，则大前提必须是全称判断。

第二条：若大前提是肯定判断，则小前提必须是全称判断。

第三条：若小前提是肯定判断，则结论必须是特称判断。

第四条：任何一个前提都不能是特称否定命题。

第五条：结论不能是全称肯定命题。

由于第四格三段论没有什么特别用途，所以，日常思维和语言表达用得很少，被称为"无名格"。这里，对这五条规则的介绍从略。

三段论各个格的特殊规则是一般规则在各个格中的具体化，二者并不矛盾，但也不完全等同。一般规则比特殊规则的规范性更强，只要三段论遵守了一般规则，那就肯定遵守了特殊规则，但遵守了三段论所在格的特殊规则，并不一定就遵守了一般规则。

所以，遵守三段论所在格的特殊规则，是三段论有效的必要条件；而遵守三段论的一般规则，是三段论有效的充要条件。

【练习】

分别用三段论的一般规则和所在格的特殊规则判定下列三段论的有效性，看看会出现什么结果，说明什么问题？

（1）所有白毛猪都是家养的，张家的猪是白毛猪，所以，张家的猪是家养的。

（2）北京人不是南阳人，上海人不是南阳人，所以，上海人不是北京人。

三段论的式

所谓三段论的式，就是指 A、E、I 和 O 四种性质判断在三段论推理的大前提、小前提和结论中的不同组合形式。

【案例】

（1）有些战争是正义战争，正义战争得道多助，所以，有些战争得道多助。

（2）所有企业都是经济实体，有些企业不是具有法人资格的企业，所以，有些具有法人资格的企业不是经济实体。

【分析】

这两个推理就是由不同的判断充当大前提、小前提和结论的不同的三段论推理。

例（1）的大前提是一个 I 判断，小前提是一个 A 判断，结论是一个 I 判断。逻辑学把它叫作"IAI"式。例（2）的大前提一个 A 判断，小前提是一个 O 判断，结论也是一个 O 判断。逻辑学把它叫作"AOO"式。

由于 A、E、I 和 O 四种判断都可能充当三段论推理的大前提、小前提和结论，故按此加以排列，三段论推理的每一格都可以有 64 种可能的组合，即 64 个不同的式，四个格则共有 64×4 =256 个式。其中，有些式是违反三段论推理规则的无效式（如 EEE、III、AEA 等）。

把所有不正确的式去掉，只有 11 个式，即 AAA、AAI、AEE、AEO、AII、AOO、EAE、EAO、EIO、IAI、OAO 才是正确的式。

【练习】

（1）一个有效的三段论，其大前提是肯定判断，大项在前提和结论中都周延，小项在前提和结论中都不周延。这个三段论的格和式分别是什么？

（2）证明：第一格的有效三段论，若结论为特称否定判断，则大前提必然是全称否定判断。

金属能导电：三段论的省略式

任何一个三段论都应该包括大前提、小前提和结论这三个判断，这是标准的三段论形式。但在日常语言表达中，人们往往将那些不言自明的部分省略，而不明白地表达出来。这种省略了某个判断而构成的三段论形式，叫作三段论的省略式。

【案例】

（1）所有和尚都是光头，所以，章先生不是和尚。

（2）铜是金属，所以，铜是能够导电的。

【分析】

这两个语句都是三段论的省略式。例（1）省略了一个小前提"章先生不是光头"，例（2）省略了大前提"所有金属都是能够导电的"。

三段论的省略式在不同的语言环境中可以省略大前提，可以省略小前提，也可以省略结论。

三段论所省略的部分是在特定的语言环境中不言自明的，因此，它不但不会影响意思的正确表达，反而简明有力，清楚自然。所以，它被广泛地运用于实际思维和语言表达中，这是三段论省略式的优点。

但是，由于三段论的部分内容被省略，逻辑错误也容易隐藏在推理过程中，这又是它的缺点和不足。

为了避免这一缺点，有时就需要将三段论被省略的部分补充出来，使它恢复为完整形式，以便检查其中是否包含有逻辑错误。这个过程就叫作三段论省略式的恢复。

要恢复一个省略的三段论，一般要掌握以下几个步骤。

第一步，确定三段论的省略式是省略了前提还是结论。

一般来说，如果已有的两个判断之间不具有"因为……所以……"的推论关系，即因果关系，这就说明省略了结论，反之，就是省略了前提。如果是省略了结论，就在两个已有的判断中找出那个共有的项，即中项；再根据三段论法的规则，将其余两个项联系起来组成结论即可。

第二步，确定前提和结论。

如果省略三段论两个判断之间存在着"因为……所以……"的推论关系，即因果关系，就要根据联结词，确定哪个判断是前提，哪个判断是结论。一般来说，前提有"因为"作标志，结论有"所以"作标志。确定了前提和结论之后，就可以根据结论的主项是小项，结论的谓项是大项，以及包含大项的前提是大前提，包含小项的前提是小前提的原则，确定被省略的前提是大前提还是小前提。

第三步，补充被省略的前提。

如果确认了前提和结论，中项也就随之被确认。然后将结论的谓项同中项联结，就构成大前提；将结论的主项同中项联结，就构成小前提。

【练习】

（1）试分析上述案例，说明被省略的部分是如何补充出来的。

（2）有些体育老师是留大胡子的人，因此，有些留大胡子的人是大个子。为使此推理成立，必须补充以下哪个选项作为前提？

A. 有些体育老师是大个子。

B. 所有大个子都是体育老师。

C. 所有体育老师都是大个子。

D. 有些大个子不是体育老师。

3.5　对称与传递：关系判断及其推理

传统逻辑界定的简单判断，除了性质判断还包括关系判断。相应地，简单判断推理，除了性质判断推理，还包括关系判断推理。关系判断及其推理也是传统词项逻辑的重要内容之一。

二元与三元：关系判断

对象不仅具有各种性质，而且对象之间还存在各种关系。基本的关系分为二元关系和三元关系。逻辑把断定对象之间存在或不存在某种关系的判断叫作关系判断。

【案例】

（1）大部分高中学生都羡慕名牌大学的学生。

（2）法官怀疑证人的证词。

【分析】

例（1）断定"大部分高中学生"和"名牌大学的学生"之间有"羡慕"关系。例（2）断定"法官"和"证人的证词"之间有"怀疑"关系。

同性质判断一样，关系判断也有自己的组成部分，它一般由关系者项、关系项和关系量项三部分组成。

关系者项，就是表示关系判断中被断定具有或不具有某种关系的对象的词项，即表示某种关系的主体或承载者的词项。如上例中的"大部分高中学生""名牌大学的学生"和"法官""证人的证词"就分别是两个关系判断的关系者项。

关系者项至少有两个，也可以是三个或三个以上。关系者项通常用英文小写字母 a、b 和 c 等表示。

关系项，就是表示关系判断中被断定的各个相关对象之间存在或不存在的某种关系的词项。如上例中的"羡慕""怀疑"。关系项通常用英文大写字母 R 或 $\overline{R}$ 表示。

断定关系项之间具有某种关系的判断叫作肯定关系判断；断定关系项之间不具有某种关系的判断，叫作否定关系判断。

关系量项，就是表示关系项的数量的词项。通常用"有些""所有""大部分"等语词来表达。在这里，我们对关系量项不作详细分析。

关系判断的一般形式可以表示为：

$$aRb$$
$$a\overline{R}b$$

关系判断和性质判断虽然同属于简单判断，但两者却有着明显区别。从断定角度看，性质判断是断定对象具有或不具有某种性质，而关系判断则是断定对象之间存在或不存在某种关系。从结构上看，性质判断的被断定对象（主项）只有一个，而关系判断的被断定对象（关系者项）至少有两个，也可以更多。因此，两者具有不同的逻辑特征。

对象之间的关系是多种多样的，因此，断定其关系的关系判断的种类也是多种多样的。

逻辑不研究各种形形色色的具体关系，只研究各种具体关系中所存在的共同逻辑特征，这些共同的逻辑特性可以概括为对称性和传递性。所以，逻辑将关系判断划分为两大类，即对称性关系判断和传递性关系判断。

对称性关系判断

所谓对称性关系判断，是指断定对象之间是否对称的关系判断。

对象之间是否对称是指：对于两个特定对象 a、b 而言，当对象 a 与对象 b 之间具有关系 R 时，对象 b 与对象 a 之间是否也具有关系 R。就是说，对于两个特定对象 a、b 而言，当 aRb 真时，bRa 是否也真。基于此，对称性关系判断可分为对称关系判断、非对称关系判断和反对称关系判断。

所谓对称关系判断，就是断定两个或两类对象之间具有对称关系的判断。

对于两个或两类对象 a、b，如果 a 对 b 有某种关系，b 对 a 也有这种关系，我们就称 a 和 b 之间具有对称关系。换句话说，如果 aRb 真，bRa 也真，则关系 R 就是对称关系。对这种关系进行断定的判断，就是对称关系判断。

【案例】

（1）李白和杜甫是同年代的人。

（2）甲方和乙方达成了共识。

【分析】

在这里，"李白"和"杜甫"，"甲方"和"乙方"之间的关系就是对称关系，两个判断都是对称关系判断。

所谓非对称关系判断，就是断定两个或两类对象之间具有非对称关系的判断。

对于两个或两类对象 a、b，如果 a 对 b 有某种关系，b 对 a 不一定有（可能有，也可能没有）这种关系，我们就称 a 和 b 之间具有非对称关系。换句话说，如果 aRb 真，而 bRa 真假不定（可以真，也可以假），则关系 R 就是非对称关系。对这种关系进行断定的判断，就是非对称关系判断。

【案例】

（1）老师对刻苦钻研的同学很赏识。

（2）这次大赛之前，不少队员推荐了 10 号队员。

【分析】

从关系的角度看，例（1）中的"老师"对"同学"的"赏识"，例（2）中的"队员"对"10 号队员"的"推荐"都是非对称关系，所以，两个判断都是非对称关系判断。

所谓反对称关系判断，就是断定两个或两类对象之间具有反对称关系的判断。

对于两个或两类对象 a、b，如果 a 对 b 有某种关系，b 对 a 必然没有这种关系，我们就称 a 和 b 之间具有反对称关系。换句话说，如果 aRb 真，bRa 必然假，则关系R就是反对称关系。对这种关系进行断定的判断，就是反对称关系判断。

【案例】

（1）年龄最大的会员比年龄最小的会员大18岁。

（2）单位体积一定的情况下，铅的质量大大超过铜的质量。

【分析】

例（1）中的"年龄最大的会员"比"年龄最小的会员""大18岁"的关系，例（2）中的"铅的质量"对"铜的质量""大大超过"的关系，都是反对称关系，所以，两个判断都是反对称关系判断。

传递性关系判断

传递性关系判断是指断定对象之间是否能传递的判断。对象之间是否能传递是指：对于三个或三类（及以上）对象a、b和c而言，当对象a与对象b之间具有关系R，对象b与对象c之间也具有关系R时，对象a与对象c之间是否也具有关系R。就是说，对于三个或三类对象a、b和c而言，当aRb真，bRc真时，aRc是否也真。基于此，传递性关系判断可分为传递关系判断、非传递关系判断和反传递关系判断。

所谓传递关系判断，就是断定三个或三类（及以上）对象之间具有传递关系的判断。

对于三个或三类对象a、b和c，如果a对b有某种关系，b对c有这种关系，a对c也有这种关系，我们就称a、b和c之间具有传递关系。换句话说，如果aRb真，bRc真，aRc也真，则关系R就是传递关系。对这种关系进行断定的判断，就是传递关系判断。

【案例】

（1）省政府是县政府的上级行政单位，县政府是镇政府的上级行政单位。

（2）这次选举结果，甲比乙得票多，乙比丙得票多。

【分析】

例（1）中的"是……的上级行政单位"在"省政府""县政府""镇政府"之间是可传递的关系；例（2）中的"比……得票多"在甲、乙和丙之间也是可传递的关系，所以，两个判断都是传递关系判断。

所谓非传递关系判断，就是断定三个或三类（及以上）对象之间具有非传递关系的判断。

对于三个或三类对象 a、b 和 c，如果 a 对 b 有某种关系，b 对 c 有这种关系，而 a 对 c 不一定具有（可能有，也可能没有）这种关系，我们就称 a、b 和 c 之间具有非传递关系。换句话说，如果 aRb 真，bRc 真，aRc 真假不定（可以真，也可以假），则关系 R 就是非传递关系。对这种关系进行断定的判断，就是非传递关系判断。

【案例】

（1）甲是乙的朋友，乙是丙的朋友。

（2）李法官认识张律师，张律师认识王教授。

【分析】

例（1）中甲是乙的"朋友"，乙是丙的"朋友"，但甲不一定是丙的"朋友"；例（2）中"李法官认识张律师""张律师认识王教授"，但李法官不一定"认识王教授"，所以，两个判断都是非传递关系判断。

所谓反传递关系判断，就是断定三个或三类（及以上）对象之间具有反传递关系的判断。

三个或三类对象 a、b 和 c，如果 a 对 b 有某种关系，b 对 c 有这种关系，a 对 c 必然没有这种关系，我们就称 a、b 和 c 之间具有反传递关系。换句话说，如果 aRb 真，bRc 真，aRc 必然为假，则关系 R 就是反传递关系。对这种关系进行断定的判断，就是反传递关系判断。

【案例】

（1）甲比乙重 5 公斤，乙比丙重 5 公斤。

（2）当事人 A 是当事人 B 的父亲，当事人 B 是当事人 C 的父亲。

【分析】

例（1）中甲比乙"重 5 公斤"，乙比丙"重 5 公斤"，但甲比丙必然不是"重 5 公斤"；例（2）中 A 是 B 的"父亲"，B 是 C 的"父亲"，但 A 必然不是 C 的"父亲"，所以，两个判断都是反传递关系判断。

图 3.6 是关系判断的种类及其逻辑特征图。

在日常思维和语言表达中，要正确理解和掌握各种对象关系的性质，严格区别不同种类的关系判断及其逻辑特征，以便合乎逻辑地进行关系判断推理。

对称性关系判断 ┌ 对称关系判断 aRb真，则bRa必真
　　　　　　　├ 非对称关系判断 aRb真，则bRa真假不定
关系判断 ┤　　　└ 反对称关系判断 aRb真，则bRa必假
　　　　　└ 传递性关系判断 ┌ 传递关系判断 aRb真，bRc真，则aRc必真
　　　　　　　　　　　　　├ 非传递关系判断 aRb真，bRc真，则aRc真假不定
　　　　　　　　　　　　　└ 反传递关系判断 aRb真，bRc真，则aRc必假

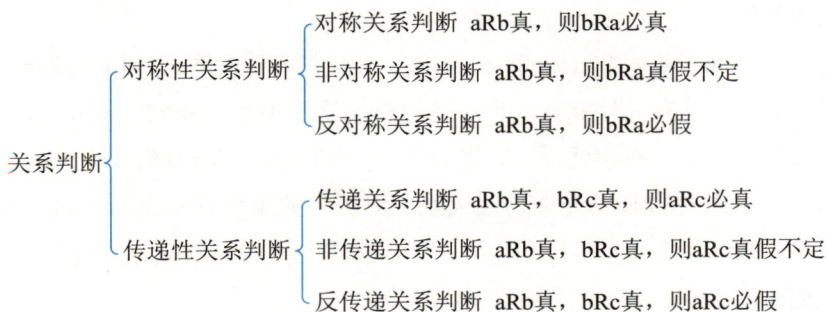

图 3.6　关系判断的种类及其逻辑特征图

"父亲"可以传递吗：关系推理

关系推理就是在前提中至少有一个是关系判断，并根据相应关系的逻辑特征进行推演的推理。关系推理分为对称性关系推理和传递性关系推理。

所谓对称性关系推理，是指根据关系是否具有对称性进行推演的推理。它们又分为对称关系推理和反对称关系推理。

对称关系推理

对称关系推理就是以对称关系判断为前提，推出另一关系判断作结论的推理。可用公式表示为：

$$aRb，所以，bRa$$
$$aRb \to bRa$$

【案例】

（1）李白和杜甫是同年代的人，所以，杜甫和李白是同年代的人。

（2）甲方和乙方达成了共识，所以，乙方和甲方达成了共识。

【分析】

根据对称关系的逻辑特征，例（1）中既然"李白"和"杜甫"是"同年代的人"，那么，"杜甫"和"李白"肯定也是"同年代的人"；例（2）中既然"甲方"和"乙方""达成了共识"，那么，"乙方"和"甲方"肯定也"达成了共识"。这里的两个推理就是对称关系推理。

反对称关系推理

所谓反对称关系推理就是以反对称关系判断作前提，推出另一关系判断作

结论的推理。可用公式表示为：

$$aRb，所以，并非（bRa）$$
$$aRb \rightarrow b\overline{R}a$$

【案例】

（1）年龄最大的会员比年龄最小的会员大 18 岁，所以，年龄最小的会员不比年龄最大的会员大 18 岁。

（2）单位体积一定的情况下，铅的质量大大超过铜的质量，所以，铜的质量不大大超过铜的质量。

【分析】

根据反对称关系的逻辑特征，例（1）中既然"年龄最大的会员"比"年龄最小的会员""大 18 岁"，反之，则肯定不成立；例（2）中在单位体积一定的情况下，既然"铅的质量""大大超过""铜的质量"，反之，则肯定不成立。这里的两个推理就是反对称关系推理。

定理 3.6 以非对称关系判断为前提，不能进行必然性推理。

所谓传递性关系推理，是根据关系是否具有传递性进行推演的推理。它们又分为传递关系推理和反传递关系推理。

传递关系推理

传递关系推理就是以传递关系判断为前提，推出另一关系判断作结论的推理。可用公式表示为：

$$aRb 并且 bRc，所以，aRc$$
$$aRb \land bRc \rightarrow aRc$$

【案例】

（1）甲比乙学历高，乙比丙学历高，所以，甲比丙学历高。

（2）当事人 A 比当事人 B 年轻，当事人 B 比当事人 C 年轻，所以，当事人 A 比当事人 C 年轻。

【分析】

根据传递关系的逻辑特征，例（1）中既然甲比乙"学历高"，乙比丙"学历高"，那么，甲比丙"学历高"成立；例（2）中既然"当事人 A"比"当事人 B""年轻"，"当事人 B"比"当事人 C""年轻"，那么，"当事人 A"比"当事人 C""年轻"成立。这里的两个推理就是传递关系推理。

反传递关系推理

反传递关系推理就是以反传递关系判断为前提，推出另一关系判断作结论的推理。可用公式表示为：

$$aRb \text{ 并且 } bRc，所以，a\overline{R}c$$

$$aRb \land bRc \rightarrow a\overline{R}c$$

【案例】

（1）甲比乙重5公斤，乙比丙重5公斤，所以，甲比丙不可能重5公斤。

（2）当事人A是当事人B的父亲，当事人B是当事人C的父亲，所以，当事人A不可能是当事人C的父亲。

【分析】

根据传递关系的逻辑特征，例（1）中既然甲比乙"重5公斤"，乙比丙"重5公斤"，那么，甲比丙"重5公斤"肯定不成立；例（2）中既然"当事人A"是"当事人B""的父亲"，"当事人B"是"当事人C""的父亲"，那么，"当事人A"是"当事人C""的父亲"肯定不成立。这里的两个推理就是反传递关系推理。

定理3.7 以非传递关系判断为前提，不能进行必然性推理。

【练习】

完成下列各题，并说明理由。

（1）甲和乙都比丙、丁高。如果上述断定为真，再加上以下哪项，则可得出"戊比丁高"的结论？

A. 乙比甲高。　　　　　　　　B. 乙比甲矮。

C. 戊比丙高。　　　　　　　　D. 戊比乙高。

（2）甘蓝比菠菜更有营养。但是，因为绿芥蓝比莴苣更有营养，所以，甘蓝比莴苣更有营养。

以下各项作为新的前提分别加入到题干的前提中，都能使题干的推理成立，除了哪一项？

A. 菠菜比莴苣更有营养。　　　B. 菠菜比绿芥蓝更有营养。

C. 绿芥蓝比甘蓝更有营养。　　D. 菠菜与绿芥蓝同样有营养。

第 4 章

赵本山"卖拐"

——命题逻辑：复合判断及其推理

📖 【导读】

　　本章所涉及的内容既是日常思维和语言表达中经常碰到的问题，又是作为计算机科学和人工智能之基础的命题逻辑的基本内容。我们将会从中了解到联言判断及其推理、相容选言判断及其推理、不相容选言判断及其推理、充分条件假言判断及其推理、必要条件假言判断及其推理、充分必要条件假言判断及其推理以及负判断的等值推理这7种复合判断及其推理（运算）的详细内容。针对这些复合判断和其相应的推理，我们需要通过生动活泼的实例及其分析弄清每一种判断的基本内涵、逻辑结构、真假特征以及相应推理规则、有效推理形式等。

　　此外，我们还花了一些篇幅介绍了上述运算之间很有意思的逻辑等值推理，以及由七种运算组合构成的假言联言推理、假言选言推理、假言连锁推理、反三段论推理、反证法推理以及反驳推理等。最后还有这些复合判断及其推理的综合运用方法介绍。字里行间，既可以掌握一系列实际思维和语言表达中可资利用推理模式，又能欣赏到古今中外趣味故事中的逻辑智慧。

📖 【关键词】

　　组合法　分离法　筛选法　充分条件　必要条件　充要条件　分离律　德·摩根律　假言易位推理　蕴析律　二难推理

　　和简单判断及其推理相对应的内容，就是复合判断及其推理。这一部分内容是逻辑基础的重要内容，它既是传统形式逻辑的重要组成部分，同时又是现代逻辑的基础，有人把它称之为命题演算或命题逻辑。

　　如果将两个或两个以上的简单判断用基本的关系词联结起来，就组成复合判断；而由复合判断作为前提或结论，就可以进行复合判断推理。

【案例】

（小品《卖拐》片段）

赵本山：先不说病情，我知道你是干啥的！

范　伟：嘿嘿，还知道我是干啥的。我是干啥的？

赵本山：你是做生意的大老板……

范　伟：啥？

赵本山：那是不可能的。

范　伟：废话，大老板有骑自行车出来的吗？

赵本山：在饭店工作。

高秀敏：你咋知道他是在饭店呢？

赵本山：身上一股葱花味……是不是饭店的？

范　伟：那……你说我是饭店干啥的？

赵本山：颠勺的厨师！

范　伟：咦？

赵本山：是不？

高秀敏：哎呀，你咋知道他是厨师呢？

赵本山：脑袋大，脖子粗，不是大款就是伙夫！……是不？是厨师不？

范　伟：哇，行行行……算算算你猜对了。

【分析】

在这段小品里，赵本山正确地推断范伟是一个厨师的过程，就成功地利用了复合判断及其推理的逻辑知识。赵本山的推断过程是：脑袋大脖子粗的范伟或者是大款，或者是伙夫；既然他不是大款，那当然就是伙夫。其中，"脑袋大脖子粗的范伟或者是大款，或者是伙夫"这个语句表达复合判断中的选言判断，而赵本山的推断过程就是运用了一个复合判断推理中的选言推理。

复合判断是包含其他判断的判断。被复合判断包含的判断，叫作支判断。联结各支判断的关系词，叫作联结项。复合判断由支判断和联结项构成。

【案例】

（1）刘震云是一位作家，并且还是一位编导。

（2）如果感染了新冠病毒，那么身体就一定会发烧。

【分析】

例（1）通过联结词"并且"，将"刘震云是一位作家"与"刘震云是一位编导"两个简单判断组合成了一个复合判断；例（2）则通过"如果……那么……"，将"感染了新冠病毒"与"身体就一定会发烧"组合成复合判断。

常见的复合判断包括联言判断、选言判断、假言判断与负判断四种类型。用这些复合判断又可以组合成多重复合判断。

复合判断也有真假。复合判断的真假，决定于组成复合判断的支判断的真假以及联结项的性质。

复合判断推理，顾名思义，就是以复合判断为前提或结论，并根据其相应复合判断的逻辑特征所进行的推理。

【案例】

（1）刘震云是一位作家，并且还是一位编导，所以，刘震云是一位作家。

（2）如果感染了新冠病毒，那么身体就一定会发烧，所以，既然身体没有发烧，那就没有感染新冠病毒。

【分析】

例（1）以"刘震云是一位作家，并且还是一位编导"为前提，推出"刘震云是一位作家"的结论；例（2）则以"如果感染了新冠病毒，那么身体就一定会发烧"和"身体没有发烧"为前提，推出"没有感染新冠病毒"的结论。它们都是复合判断推理。

根据复合判断的分类方法，我们可以将复合判断推理分为联言推理、选言推理、假言推理和负判断的等值推理四个大类。利用这些推理也可以进行综合性的、比较复杂的复合判断推理。

4.1　屡战屡败与屡败屡战：联言判断及其推理

联言判断及其推理是结构最为简单、运用最为广泛、作用最大的一种复合判断及其推理。

芝麻官断案：联言判断

断定几种情况同时存在的判断就是联言判断。联言判断通常由两部分构成：联言支和联结项。

在现代汉语中，由"并且""和""既……又……""不但……而且……""虽然……但是……"等联结项所联结的并列关系、连贯关系、递进关系、转折关系等复合句，都可以表达联言判断。

【案例】

（1）现在的中国既富饶又强大。

（2）吴京不但是一位著名的演员，而且是一位优秀的导演。

（3）姚明虽然是一位优秀的篮球运动员，但不是一位优秀的乒乓球运动员。

【分析】

以上三个例子都属于联言判断。例（1）由联言支"现在的中国富饶"与"现在的中国强大"构成，通过并列关系的复合句进行表达；例（2）由"吴京是一位著名的演员"和"吴京是一位优秀的导演"两个联言支组成，通过递进关系的复合句进行表达；例（3）则由联言支"姚明是一位优秀的篮球运动员"与"姚明不是一位优秀的乒乓球运动员"构成，通过转折关系的复合句进行表达。

从形式逻辑的角度来看，联言判断的表达形式通常为"p 并且 q"，其中"并且"就是联结词，可以用符号"$\wedge$"（读作"合取"）来表达。因此，联言判断的逻辑形式也可以表示为"$p \wedge q$"。

由于联言判断断定了几种情况同时存在，因此，一个联言判断只有当它的所有联言支都为真时，该联言判断才为真；只要有一个联言支为假，该联言判断则为假。

联言判断的真值情况如表 4.1 所示。

表 4.1　联言判断的真值表

p	q	$p \wedge q$
真	真	真
真	假	假
假	真	假
假	假	假

【案例】

在周星驰主演的电影《九品芝麻官》中有这样一段对话：

包龙星："朱二，你上次说戚秦氏在你那里买了一斤砒霜对不对？"

朱二："没错，大人！"

包龙星："仵作，你上次说戚家的那一锅糖水里面有毒是不是？"

仵作："是，大人。"

包龙星："你看，这里有一包糖、一斤砒霜，全倒进锅里以后，比芝麻糊还要稠，这种东西有人肯喝吗？"

常昆："她买一斤砒霜不一定全放下去。"

包龙星："那没用完的砒霜放哪儿去了呢？戚家上下我全搜过了，都没有找到。更何况，一个凶手如果用不了那么多毒药，他为什么要买那么多毒药来惹人怀疑？因此，实情就是，你说谎！"

【分析】

在这段对话中，朱二与仵作的证词实际上构成了一个联言判断：戚秦氏买了一斤砒霜并且她煮的糖水里有毒。从证词来看，显然戚秦氏就是凶手。但包龙星根据糖水和砒霜之间所发生的化学反应等一系列证据，推断出戚秦氏并没有买砒霜，判定朱二证词为假；所以，戚秦氏并不是下毒的凶手。这段对话正是对联言判断真假情况的巧妙运用。

需要注意的是，在形式逻辑里，"p∧q"和"q∧p"是等值的，即联言支的顺序可以互换而不影响整个联言判断的真假。但在现代汉语中，联言支的顺序不同可能导致整句话的意义发生变化。

【案例】

清朝晚期，有个平江人叫李次青，字元度。他原本是一个书生，有传闻说他读书一目十行，过目不忘，但在领兵作战上却才能有限。他曾经在曾国藩手下担任将领，曾国藩命他打仗，打一次败一次，把曾国藩气得火冒三丈，准备向皇帝呈奏折弹劾他。在奏折上，曾国藩写下了"屡战屡败"这样的词语。当时曾国藩有个幕僚叫李缓频，偷偷将奏折上"屡战屡败"四个字改为了"屡败屡战"。这样一来，原本是谴责李次青打仗多次失利的奏折，变成了称赞李次青打仗百折不挠了，皇帝看后龙颜大悦，因此免了李次青打仗失利的罪过。

【分析】

从逻辑上说，"屡战屡败"和"屡败屡战"的逻辑值是相同的，但在日常语言表达中，却有着完全不同的意义。这就是语形和语义的区别。

分合自如：联言推理

以联言判断作为前提或结论，利用联言判断的逻辑性质进行推演的推理，就是联言推理。

我们知道，当联言判断的两个联言支都为真时，该判断就为真；反之，当联言判断为真时，它的两个联言支必定为真。根据这个性质，我们就可以进行联言推理。

联言推理有分解法和组合法两种方法。

分解法

分解法就是以联言判断为前提，从联言判断的真，推出其中一个支判断为真作为结论的推理方法。

其推理形式为：

$$（1）\frac{p并且q}{所以，p} \qquad 或者 \qquad （2）\frac{p并且q}{所以，q}$$

该推理形式也可表示为：

$$（1）p \wedge q \rightarrow p \qquad 或者 \qquad （2）p \wedge q \rightarrow q$$

这种推理形式就是联言推理的分解式。分解法就是运用这种形式进行推理的方法。

【案例】

小王同学期末语文考了 100 分，数学考了 60 分。他的母亲每次见到朋友都愁眉苦脸地说："哎呀，我们家小王成绩不好，这期末考试数学才考了 60 分，该怎么办啊！"他的父亲则逢人便夸："我儿子成绩挺不错的，跟你们说，他期末考试语文可是拿了满分，怎么样，厉害吧！"

【分析】

在案例中，小王同学的期末成绩是不变的，而他的母亲和父亲截然不同的态度正是利用联言推理分解式得出不同结论的结果。在联言判断"小王同学期末语文考了 100 分，数学考了 60 分"中，小王同学的母亲只得出了"数学考了 60 分"的结论，因此愁眉苦脸；而小王同学的父亲则得出"语文考了 100 分"的结论，故喜笑颜开。

在日常生活中，我们也会面临这样的推理，尤其作为中小学教师，所面对的学生性格各不相同，每个人都有优点，又各有不足。作为教师，更应该看到学生发光的一面，鼓励并发挥其长处，同时也要看到每个人身上的不足，弥补其短处。这就是联言推理的分解法在日常思维中的运用。

组合法

组合法就是以两个或两个以上的判断为真作为前提，推出由这些支判断组成的联言判断为真的推理方法。

其推理形式为：

$$\frac{\begin{array}{c}p\\q\end{array}}{\text{所以，}p\text{并且}q}$$

该推理形式也可表示为：

$$(p，q) \rightarrow p \wedge q$$

这种推理形式就是联言推理的组合式。组合法就是运用这种形式进行推理的方法。

【案例】

郑女士的两个女儿同在一个幼儿园，在第一次幼儿园放学后，郑女士问她的女儿："你们幼儿园的阿姨是个什么样的人啊？"大女儿说："阿姨很亲切，而且带我们做了好多游戏！"小女儿说："阿姨很漂亮，就是有点儿严厉，我午饭吃不完她还批评我。"郑女士听完说："哦，我知道了，你们的阿姨很漂亮、很亲切，会带你们做游戏，并且会在吃饭的时候严格要求你们不浪费粮食。"

【分析】

在上面的案例中，郑女士就是通过联言推理的组合法，从两个女儿的描述中得到幼儿园阿姨的完整形象。

日常思维中，当我们需要由分到总进行概括或总结时，常常运用联言推理的组合法。

4.2　华盛顿丢马：选言判断及其推理

选言判断是断定几种可能的情况中至少有一种情况存在的判断。与联言判断类似，选言判断也由两部分组成：选言支与联结项。在形式逻辑中，选言判断的联结词主要包括"……或者……"与"要么……要么……"两种。

【案例】

（1）考试成绩不理想，或者题目太难，或者知识没掌握好。

（2）这张彩票要么中奖要么不中奖。

【分析】

例（1）断定"考试成绩不理想是题目太难"和"考试成绩不理想是知识没掌握好"两种可能情况中至少有一种情况存在，也可能同时存在。例（2）断定"这张彩票中奖"和"这张彩票不中奖"两种可能情况必有一种情况存在，也只有一种情况存在。它们都是选言判断。

选言判断分为相容选言判断与不相容选言判断。

选言推理是指以选言判断为前提，通过肯定或否定一个选言支而进行推演的推理。

选言推理可分为相容选言推理与不相容选言推理两种。

【案例】

（1）考试成绩不理想，或者题目太难，或者知识没掌握好；考试成绩不理想不是题目太难；所以，考试成绩不理想是知识没掌握好。

（2）这张彩票要么中奖要么不中奖，这张彩票中奖了，所以，这张彩票不是没中奖。

【分析】

例（1）通过否定"考试成绩不理想是题目太难"，进而推出"考试成绩不理想是知识没掌握好"。例（2）通过断定"这张彩票中奖"，进而推出"这张彩票不是没中奖"。它们都是选言推理。

选言推理分为相容选言推理与不相容选言推理。

"西红柿炒鸡蛋"与"青椒炒肉丝"：相容选言判断及其推理

相容选言判断是断定多种可能情况，至少有一种情况存在的选言判断。其一般的形式为"p 或者 q""或者 p 或者 q"。"或者"是联结词，通常可以用符号"∨"（读作"析取"）来表示。因此，相容选言判断也可以写作"p∨q"。

【案例】

小张今天去餐馆，或者点番茄炒鸡蛋，或者点青椒炒肉丝。

【分析】

如果要使该判断为真，那么小张在番茄炒鸡蛋和青椒炒肉丝两样中至少点了一样，当然也可以两样都点。只有当小张番茄炒蛋和青椒炒肉丝两样都没点时，该判断才为假。

相容选言判断只有当两个选言支都为假时才为假，其他情况都为真。相容选言判断的真值情况如表4.2所示。

表4.2　相容选言判断的真值表

p	q	p∨q
真	真	真
真	假	真
假	真	真
假	假	假

【案例】

美国第一任总统华盛顿，早年有个丢马的轶事。

有一天，华盛顿的一匹马被人偷走了。华盛顿同一位警察一起到偷马人的农场里去索讨，但那人拒绝归还，一口咬定说："这就是我自己的马。"

华盛顿用双手蒙住马的两眼，对那个偷马人说："如果这马真是你的，那么，请你告诉我，马的哪只眼睛是瞎的？"

偷马人犹豫地说："右眼。"

华盛顿放下蒙眼的右手，马的右眼并不瞎。

"我说错了，马的左眼才是瞎的。"偷马人急着争辩说。

华盛顿又放下蒙眼的左手，马的左眼也不瞎。

"我又说错了……"偷马人还想狡辩。

"是的，你是错了。"警官说，"这些足以证明马不是你的，你必须把马还给华盛顿先生。"

【分析】

华盛顿能够找回马，实际上运用了预设前提的方法误导了偷马人，但其中也包含了相容选言判断的智慧。如果真是马的主人，必然知道华盛顿给出的判断"这匹马或者左眼瞎了或者右眼瞎了"是一个错误判断，因为马的双眼都是好的。正由于偷马人不知此理，只能在马的左眼瞎或右眼瞎或双目都瞎之间犹豫不决，最终被警察识破。

相容选言推理是以相容选言判断为前提，利用各选言支之间的逻辑关系进行的推理。我们知道，一个相容选言判断为真，可以判断它的选言支至少有一个为真，而且两个选言支都可以为真，因此我们可以总结出相容选言推理的两条规则：

（1）断定部分选言支为真时，不能断定剩余选言支的真假；

（2）断定部分选言支为假时，必然断定最后一个选言支为真。

【案例】

（1）小罗中午去面馆吃面，可以吃牛肉面、刀削面或鸡汤面。小罗没有吃牛肉面和鸡汤面，所以，小罗吃了刀削面。

（2）小罗中午去面馆吃面，可以吃牛肉面、刀削面或鸡汤面。小罗吃了牛肉面，所以，小罗没有吃刀削面和鸡汤面。

【分析】

例（1）显然是个有效的推理，前提中小罗可以选择的面类只有牛肉面、刀削面和鸡汤面三种，排除了牛肉面和鸡汤面后，自然可以得出他吃了刀削面。但例（2）就不是有效推理了，因为小罗吃了牛肉面，并不能推定他就没有吃其他两种面，有可能小罗食量较大，中午要吃两碗面，所以，不能从前提推断出小罗没有吃刀削面和鸡汤面。

根据推理规则，相容选言推理的有效推理表达形式为：

$$\frac{p或者q}{\text{非}p}$$
$$\text{所以，}q$$

该推理形式也可表示为：

$$[(p \lor q) \land \bar{p}] \to q$$

在前述案例中，赵本山在小品里就是运用了相容选言推理，作出了正确的判断，让范伟口服心服。

读文科还是读理科：不相容选言判断及其推理 ▬▬▬

不相容选言判断是断定了几种可能情况中有且只有一种情况存在的选言判断。其一般形式为"p要么q"，可用符号"∨"来表示联结词"要么……要么……"。因此，不相容选言判断也可以写作"p∨q"。

【案例】

莉莉的第一个孩子要么是男孩，要么是女孩。

【分析】

这个例子中，莉莉的第一个孩子只能是男孩或女孩，不能既是男孩又是女孩，当然也不能既非男孩又非女孩。

不相容选言判断只有在选言支只有一个为真时才为真，其他情况都为假。不相容选言判断的真值情况如表4.3所示。

表4.3　不相容选言判断的真值表

p	q	p∨q
真	真	假
真	假	真
假	真	真
假	假	假

不相容选言推理就是在前提中有一个不相容选言判断，根据不相容选言判断的逻辑性质进行的推理。与相容选言推理不同，不相容选言判断中的两个选言支不能同时为真，也不能同时为假，所以，不相容选言推理在肯定一个选言支时，必须否定另一个选言支，否定一个选言支时必须肯定另一个选言支。因此，不相容选言推理的两条规则是：

（1）否定一部分选言支，必须肯定最后一个选言支；

（2）肯定一个选言支，必须否定其他选言支。

【案例】

（1）莉莉在高中分科时，要么选文科，要么选理科。莉莉没有选文科，所以，莉莉选了理科。

（2）莉莉在高中分科时，要么选文科，要么选理科。莉莉选了理科，所以，莉莉没有选文科。

【分析】

上面两个案例都是有效的推理，因为在不相容选言判断中，两个选言支不可同真也不可同假。也就是说，不存在莉莉既选了文科又选了理科的情况，所以，在断定莉莉没有选文科时，就可以推断她选了理科。反之，在断定莉莉选了理科时，就可推断她没有选文科。

根据推理规则，不相容选言推理的有效推理表达形式为：

$$（1）\frac{\begin{array}{c}p要么q\\p\end{array}}{所以，非q}\quad 和 \quad （2）\frac{\begin{array}{c}p要么q\\非p\end{array}}{所以，q}$$

该推理形式也可表示为：

（1）$[（p \veebar q）\wedge p] \rightarrow \overline{q}$　或　（2）$[（p \veebar q）\wedge \overline{p}] \rightarrow q$

在进行选言推理时，一定要注意分清前提中的选言判断究竟是相容选言判断还是不相容选言判断。特别是在日常语言表达中，逻辑联结词"或者……或者……"有时也有表达不相容选言判断的情况，这就需要根据具体的语境进行分析。

【案例】

（1）小张家最大的那个孩子或者是男孩，或者是女孩。

（2）一个自然数或者是偶数，或者是奇数。

【分析】

这两个案例虽然使用了"或者……或者……"这个联结词，但其所表达的判断却是一个不相容选言判断。所以，我们在进行选言推理时，要注意识别。

【练习】

请用选言判断及其推理的知识判定下列推理是否正确？

（1）或者被告说错了，或者原告听错了，既然原告听错了，所以，被告没有说错。

（2）在某书店中，所有的书或者属于中文书或者属于外文书，张先生买的书中有中文书，因此，张先生买的书中没有外文书。

以下哪项最能增强上述论证？

A. 书店规定，买外文书就不能买中文书，反之亦然。

B. 书店规定，如果买了中文书，可以不买外文书，但买了外文书，一定也要买中文书。

C. 张先生是中国人，只喜欢中文书。

D. 张先生是外国人，但不喜欢外文书。

E. 张先生是中国人，最不喜欢外文书。

4.3　灭绝师太放过明教弟子：假言判断及其推理

假言判断是断定一情况的存在（或不存在）是另一情况存在（或不存在）的条件的判断。

【案例】

（1）如果周琦发球不失误，那么中国男篮就有可能直通奥运会。

（2）只有驾龄满一年，才能开车上高速公路。

（3）当且仅当平行四边形的一组邻边相等且有一个角是直角，才是正方形。

【分析】

例（1）断定"周琦发球不失误"是"中国男篮有可能直通奥运会"的充分条件。例（2）断定"驾龄满一年"是"开车上高速公路"的必要条件。例（3）断定"平行四边形的一组邻边相等且有一个角是直角"是"正方形"的充要条件。

假言判断由支判断和联结词构成。"如果……那么……""只有……才……""当且仅当……才……"都是联结词。其中，由"如果""只有"和"当且仅当"引出的成分称为假言判断的前件，由"那么""才"所引出的成分称为假言判断的后件。

假言判断前件和后件之间存在着一定的条件联系。由于前件和后件之间存在的条件联系不同，表达的假言判断也不同。假言判断可分为充分条件假言判断、必要条件假言判断和充要条件假言判断。

假言推理是指前提中有一个假言判断，并依据假言判断的逻辑性质进行推演的推理。根据假言推理中假言判断种类的不同，假言推理可以分为充分条件假言推理、必要条件假言推理和充要条件假言推理。

【案例】

（1）如果周琦发球不失误，那么中国男篮就有可能直通奥运会，中国男篮没能直通奥运会，可见，周琦发球失误。

（2）只有驾龄满一年，才能开车上高速公路，既然他开车上了高速公路，所以，他的驾龄满一年了。

（3）当且仅当平行四边形的一组邻边相等且有一个角是直角，才是正方形，这个平行四边形并非一组邻边相等且有一个角是直角，所以，这不是一个正方形。

【分析】

这三个案例分别以充分条件、必要条件和充要条件假言判断作前提，并根据它们的逻辑特征进行推理，分别是充分条件假言推理、必要条件假言推理和充要条件假言推理。

唐人街探案：充分条件假言判断及其推理

充分条件假言判断是断定一情况是另一情况充分条件的假言判断。其形式为"如果 p，那么 q"，通常用符号"→"（读作"蕴涵"）表示联结词"如果……那么……"。因此，充分条件假言判断也可记为"p → q"。现代汉语中，表达充分条件假言判断逻辑联结词还有"只要……就……""一旦……就……""若……则……"等。

所谓充分条件就是指：有前件一定有后件，无前件未必无后件；无后件一定无前件，有后件未必有前件。

【案例】

（1）如果患了肺炎，那么就一定会发烧。

（2）只要按下开关，教室的灯就会亮起来。

【分析】

在例（1）中，"患了肺炎"是"发烧"的充分条件；例（2）中，"按下开关"是"教室的灯亮起来"的充分条件。对充分条件进行断定的判断，就是充分条件假言判断。

根据上述分析可知：当且仅当前件为真且后件为假时，充分条件假言判断才为假，其他情况都为真。充分条件假言判断的真值情况表如表 4.4 所示。

表 4.4　充分条件假言判断的真值表

p	q	p → q
真	真	真
真	假	假
假	真	真
假	假	真

值得注意的是，我们在逻辑学的意义上所讨论的充分条件假言判断"p → q"是一种纯粹形式化的工作，与"p"和"q"的实际内容无关；而在日常生活中，我们更多的是探讨前件与后件之间存在的某种关联。因此，有大量的充分条件假言判断在逻辑上成立，而违背了人的常规认知。

【案例】

（1）如果苏轼是词人，那么 3 + 4 = 7。

（2）如果孙悟空大闹天宫，那么牛吃草。

【分析】

上面两个案例违背了常理，我们无法正常地理解它们，因为它们的前件和后件没有任何关联，但这两个判断却在逻辑形式上为真。为了解决这种"怪论"，逻辑学家作出了许多努力。由于本书主要介绍逻辑学的基础知识，在此不作过多讨论，感兴趣的读者可以在这方面进行如下思考。

【思考】

如何理解传统逻辑之蕴涵怪论。

（1）充分条件假言判断"假前件蕴涵任意后件"，即充分条件假言判断"如果前件为假，则后件无论真假，整个判断均为真。"

（2）充分条件假言判断"真后件被任意前件蕴涵"，即充分条件假言判断"后件如果为真，则前件无论真假，整个判断均为真。"

充分条件假言推理是以充分条件假言判断为前提，利用其逻辑性质进行推演的推理。

根据充分条件假言判断的逻辑特征，前件为真，后件必然为真；后件为假，前件必然为假；后件为真，前件真假不定（可真可假）；前件为假，后件真假不定（可真可假）。据此，充分条件假言推理必须遵守以下四条规则。

（1）肯定前件，就要肯定其后件；

（2）否定后件，就要否定其前件；

（3）肯定后件，不能肯定其前件；

（4）否定前件，不能否定其后件。

【案例】

《倚天屠龙记》中，当六大门派围攻光明顶时，张无忌为了解救被峨眉派围困的明教弟子，与峨眉派掌门灭绝师太进行了一场赌局。灭绝师太说："如果你能接下我三掌，我就放过这些明教余孽。"最后张无忌硬接灭绝师太三掌而不死，灭绝师太兑现承诺，只得放过那些明教弟子。

【分析】

上面这个案例就是充分条件假言推理，灭绝师太认为张无忌绝对接不下自己三掌，这样就可以掌握明教弟子的生杀大权，但张无忌凭借九阳神功接下了灭绝师太三掌，使灭绝师太只能履行赌约，放过明教弟子。推理通过肯定前件，进而肯定其后件，遵守推理规则，推理正确。

其推理过程是：如果张无忌接下灭绝师太三掌，灭绝师太就放过明教弟子，张无忌接下了灭绝师太三掌，所以，灭绝师太放过明教弟子。

同样，以上面的案例也可以进行如下推理。

如果张无忌接下灭绝师太三掌，灭绝师太就放过明教弟子，灭绝师太没放过明教弟子，所以，张无忌没有接下灭绝师太三掌。

推理通过否定后件进而否定前件，遵守推理规则，推理有效。

根据以上规则，充分条件假言推理有两种有效的推理形式。

$$（1）\dfrac{\text{如果p那么q}\quad p}{\text{所以，}q} \quad \text{和} \quad （2）\dfrac{\text{如果p那么q}\quad \text{非q}}{\text{所以，非}p}$$

该推理形式也可表示为：

（1）$[(p \to q) \land p] \to q$　和　（2）$[(p \to q) \land \bar{q}] \to \bar{p}$

这两种推理的方法分别叫作肯定前件法和否定后件法，两种推理形式分别叫作肯定前件式和否定后件式。

根据以上规则，下面两种充分条件假言推理是无效的推理形式。

$$（1）\frac{\text{如果p那么q}}{\text{所以，p}}\quad\text{和}\quad（2）\frac{\text{如果p那么q}}{\text{所以，非q}}$$

该推理形式也可表示为：

$$（1）[(p \rightarrow q) \wedge q] \rightarrow p \quad 和 \quad （2）[(p \rightarrow q) \wedge \overline{q}] \rightarrow \overline{p}$$

【案例】

在电影《唐人街探案2》中，唐仁假借办婚宴的名义带着秦风去帮助七叔破案赚钱，却被秦风一眼识破。秦风知道唐仁是个迷信风水的人，连洗澡的时候都要先算上一卦，而唐仁所谓的婚宴当天却忌嫁娶，因此，唐仁不可能办婚宴。

【分析】

秦风的推理过程实际上构成了一个充分条件假言推理：如果唐仁今天结婚，那么今天一定是个宜嫁娶的日子。但今天忌嫁娶，所以，唐仁不会在今天结婚。案例是一个充分条件假言推理的否定后件式，即否定后件则否定前件。这是一个有效的推理。

通过案例分析，如果肯定后件，那么可以得到下述的推理过程：

如果唐仁今天结婚，那么今天一定是个宜嫁娶的日子。今天是个宜嫁娶的日子，所以，唐仁今天结婚。

这是一个充分条件假言推理的肯定后件式。这是一个无效的推理。

【练习】

下列推理是否正确？请用充分条件假言推理的规则进行判定。

（1）如果西班牙队战胜美国队，则中国队战胜美国队。中国队战胜了美国队，所以，西班牙队战胜美国队。

（2）如果岳飞不是一个忠臣，那么他一定是一个孝子。所以，既然岳飞是一个忠臣，可见，岳飞不是一个孝子。

包公对联救人：必要条件假言判断及其推理

必要条件假言判断，就是断定前后件之间具有必要条件关系的判断。其常用形式为"只有p，才q"。联结词"只有……才……"可以用符号"←"（读作"逆蕴涵"或"反蕴涵"）表示。因此，必要条件假言判断也可以表示为"p←q"。在汉语中，除了"只有……才……"之外，"除非……否则……"等也可作为必要条件假言判断的联结词。

所谓必要条件就是指这样一种条件：无前件一定无后件，有前件未必有后件；有后件一定有前件，有前件未必有后件。

【案例】

（1）只有年满 18 周岁，才具有选举权和被选举权。

（2）除非认识问题，否则就不能解决问题。

【分析】

例（1）中，"年满 18 周岁"是"有选举权和被选举权"的必要条件；例（2）中，"认识问题"是"解决问题"的必要条件。对必要条件关系进行断定的判断，就是必要条件假言判断。

综上所述，当且仅当前件为假且后件为真时，必要条件假言判断才为假，其他情况都为真。必要条件假言判断的真假情况如表 4.5 所示。

表 4.5　必要条件假言判断的真值表

p	q	p ← q
真	真	真
真	假	真
假	真	假
假	假	真

【练习】

写出下列判断的逻辑形式，并分析其支判断之间的真假关系。

（1）除非下暴雨，否则我要出去打篮球。

（2）王先生每天都要上班，除非他生病了。

必要条件假言推理，是以必要条件假言判断为前提，依照必要条件假言判断的逻辑特征进行推演的推理。根据必要条件假言判断的逻辑特征，前件为假，后件必然为假；后件为真，前件必然为真；后件为假，前件真假不定；前件为真，后件真假不定。据此，必要条件假言推理必须遵守以下四条规则。

（1）否定前件，就要否定其后件；

（2）肯定后件，就要肯定其前件；

（3）否定后件，不能否定其前件；

（4）肯定前件，不能肯定其后件。

【案例】

包拯是北宋时期著名的清吏，官拜开封知府，龙图阁大学士，有"包青天"之美誉。一次包拯微服出巡，听闻了这样一个奇案：一对新婚夫妇，在新婚之夜，颇有些才华的新娘为了探究新郎的才学，就出了上联"点灯登阁各攻书"。这乃是一个连环对，不但"灯"同"登"，"阁"同"各"是同音字，前字分别是后字加偏旁而成，而且"点灯"二字还是双声。新娘出了对句后，就隔着房门对新郎说："你若对不出下句，今晚就不准进入洞房。"新郎想了很久也没有对出来，非常生气，于是去了学堂。第二天新娘起床后，看到坐在桌前的新郎愁眉不展，便问是何故。新郎说道："我到现在还没有对出来，正发愁呢。"新娘听后，竟然悬梁自尽了。

因为出了人命案，县衙不问青红皂白就把新郎抓了起来，最后屈打成招，决定秋后问斩。包拯听闻此事后，觉得事有蹊跷，于是决定夜里潜入新娘屋内，一探究竟。这夜，包拯走到室外，月光如水，梧桐树下放着一把椅子，心里一动，对随从们说道："这案子破了。"随从们都百思不得其解。

第二天早晨，包拯来到县衙，马上命人上街贴出告示，内容大意是：开封府要在本地招取一名有才学的书生到府内任职，欢迎有志之士应试。有十几个应试者来到县衙，包拯出的考题正是"点灯登阁各攻书"。当应试者把对句交上来时，包拯看见一个叫梅二的书生对出"移椅倚桐同赏月"。最后梅二被留了下来，他人都被遣散。梅二见自己被选中，正在窃喜之时，只听包拯冷笑一声，惊堂木一拍，就下令衙役把梅二给捆绑起来。接着，包拯命人把那个新郎带来，当新郎确认梅二是自己的同窗好友时，包公更加认定了自己的想法。

包拯大声呵斥道："梅二，你如何欺侮新娘，快快如实招来。"开始梅二还拒不招认，包拯大喝："所有应试者仅你对出下联，你还有何话好说！"梅二惊慌失措，马上就认罪伏法了。

原来，那天晚上新郎一怒之下去了学堂，梅二此时正在学堂夜读，便问新郎为何不入洞房。待梅二了解缘由后，便借故离开学堂，潜入新郎的家里。当时新娘还没有睡觉，待梅二借着新郎的口吻对出下联时，新娘便开门把他迎了进来。第二天，当新娘得知自己被坏人骗了时，羞愤自杀。这才引起这桩公案。

【分析】

包公巧断这桩案件正是用了必要条件假言推理。只有凶手，才能对出下联；

而梅二是全县参加招取考试中唯一对出下联的人，因此，梅二就是凶手。包公通过肯定后件，进而肯定其前件，遵守了推理规则，推理正确。

根据以上规则，必要条件假言推理有两种有效的推理形式。

$$
(1)\quad \frac{只有p才q\quad 非p}{所以，非q}\qquad 和\qquad (2)\quad \frac{只有p才q\quad q}{所以，p}
$$

该推理形式也可表示为：

(1) $[(p \leftarrow q) \wedge \overline{p}] \rightarrow \overline{q}$　和　(2) $[(p \leftarrow q) \wedge q] \rightarrow p$

以上两种推理的方法分别叫作否定前件法和肯定后件法，两种推理形式分别叫作否定前件式和肯定后件式。

【案例】

有四个商人凑钱合伙做买卖，他们东拼西凑凑出了一千个金币，于是把金币装在一个布袋中，带着到外地做买卖去了。当他们经过一个大花园时，一时兴起，都想在花园里游玩一番，可谁也不想把钱带在身上，唯恐在游玩中丢了，或是被人偷走，那样的话，谁也赔不起这么多的钱。于是他们一致决定把钱存放在看守花园的老妇人手中，并给老妇人说："只有我们四个人都同意了，才能把钱袋交出来。"老妇人应承后，四个商人放心地走进花园里游玩起来。他们游兴正浓，突然看见花园里有一条清澈的河流，其中有一个商人说："我们赶路辛苦，路上也没有闲暇好好洗漱，现在有如此清澈的河水，不如我们在此洗个头，岂不舒适惬意？"另一个商人说："这个主意很好。不过咱们没带梳子来，要是有一把梳子梳梳头，不是更好吗？"第三个商人说："看守花园的老妇人肯定有梳子，咱们向她借用一下吧。"第四个商人自告奋勇，对伙伴们说："你们在这儿休息吧，让我去对守门老妇人说去。"

那人说着，起身走到守门老妇人面前，小声对她说："你把钱袋给我吧。"守门老妇人打量了他一番，说道："这钱袋是你们四人一齐来委托我保管的，我不能单独交给你一个人，必须你们四人一齐来要，我才能给你们，否则的话，我就可能背上黑锅，有理也说不清楚了。"老妇人待的地方离商人们坐的地方并不远，彼此都看得见，大声说话也能听得清楚。这个商人便冲着伙伴们叫道："她说什么都不肯给我呀！"伙伴们听了，都以为老妇人连一把梳子都不肯借，于是他们齐声喊道："劳驾您就给他吧！"老妇人听了商人们的话，以为他们都一致同意把钱袋交给这个商人，于是便毫不迟疑地把钱袋交到他的手中。那个商人拿到钱袋，赶忙装进衣服里，然后趁众人不备，溜之大吉。

那些商人坐在那里等梳子，等得不耐烦了，便一齐来到老妇人面前，问清原委，结果他们大惊失色，知道坏事了，于是责问老妇人："我们让你借给他梳子，谁让你给他钱啦？"老妇人自然不肯认账。于是商人们把她带到法官那儿去，诬告老妇人私吞钱财。法官听信商人们的一面之词，便判老妇人如数赔偿。

老妇人遭人诬陷，又明知法官误判，六神无主，只得失魂落魄地回家。在路上，她遇到一个五岁的小男孩，小男孩见老妇人神情沮丧，便问她缘由，老妇人给小男孩讲完后，小男孩说："老奶奶，你别怕，我给你出个主意！"于是小男孩对老妇人交代一番，老妇人一听，转忧为喜。于是她转身回到法官面前说道："法官大人，之前他们和我有约定，只有四个人一起来找我要钱我才能把钱袋给他们。"法官问还未离去的三位商人是否有此约定，商人们齐声答道："是的，我们是这么约定的。"老妇人接着说："既然说我私吞了四个人的钱财，现在要赔偿，那么也只有当四个人都在场我才能赔给他们。"法官一听，觉得言之有理，便说："既然如此，老妇人现在不能赔偿你们钱财，你们把剩下那个人喊过来，等你们到齐了，她再赔偿。"三个商人面面相觑，只能接受这个判决。

【分析】

在这个案例中，小男孩利用必要条件假言推理否定前件式，帮助老妇人洗脱了私吞钱财的罪名。这个推理可以表示如下。

只有四个商人都在场，老妇人才能进行赔偿，不是四个商人都在场，所以，老妇人不需要进行赔偿。这是一个正确的推理。

【练习】

根据推理规则，判断下列推理是否有效，并写出下列推理的逻辑形式。

（1）除非下暴雨，否则我要出去打篮球；下暴雨了，所以，我不出去打球。

（2）王先生每天都要上班，除非他生病了；王先生每天都要上班，所以，他没生病。

三角形的等角与等边：充要条件假言判断及其推理

充要条件假言判断，就是断定前件是后件的充要条件的假言判断。其一般形式为"当且仅当p，才q"，联结词"当且仅当……才……"用符号"↔"（读作"双蕴含"）来表示。因此，充要条件假言判断也可记为"p↔q"。

所谓充要条件就是指：有前件一定有后件，无前件一定无后件；有后件一定有前件，无后件一定无前件。

【案例】

（1）X 等于 2，当且仅当 X 的平方等于 4。

（2）三角形是等角的，当且仅当三角形是等边的。

【分析】

在例（1）中，"X 等于 2"是"X 的平方等于 4"的充要条件；例（2）中，"三角形是等角的"是"三角形是等边的"的充要条件。对充要条件关系进行断定的判断，就是充要条件假言判断。

充要条件假言判断，就是充分条件假言判断和必要条件假言判断的合取。"↔"是等值的意思，即前件与后件的真值相等。也就是说，当 p 和 q 的真值相同时，充要条件假言判断为真；当 p 和 q 真值不同时，充要条件假言判断为假。充要条件假言判断的真假情况如表 4.6 所示。

表 4.6　充要条件假言判断的真值表

p	q	p↔q
真	真	真
真	假	假
假	真	假
假	假	真

【思考】

老李与老张是棋友，经常相约下象棋。这天老李与老张又在商议第二天去老张家一起下棋的事情。

老李说："只有明天不下雨，我才去你家下棋。"

老张说："如果明天下雨，我就得出门接孙子。"

两人商量好后，便开心地回家了。结果第二天下雨，老李仍出发去老张家，结果发现老张也在家没出门，两人便争执起来，都说对方不守信用。

请你思考一下，两人是否违背了之前的约定？

以充要条件假言判断为前提，根据其逻辑性质进行的推理就是充要条件假言推理。相比前面两种假言推理来说，充要条件假言推理相对简单。充要条件假言判断的逻辑特征就是保证前件与后件等值，即前件真，后件必真；前件假，后件必假，反之亦然。据此，充要条件假言推理必须遵守以下四条规则。

（1）肯定前件就要肯定后件；

（2）肯定后件就要肯定前件；

（3）否定前件就要否定后件；

（4）否定后件就要否定前件。

根据以上规则，充要条件假言推理，既包括充分条件假言推理的两种有效的推理形式，又包括必要条件假言推理的两种有效的推理形式，共有四种有效的推理形式。

（1）$\dfrac{p当且仅当q \quad p}{所以，q}$ 和 （2）$\dfrac{p当且仅当q \quad q}{所以，p}$

（3）$\dfrac{p当且仅当q \quad 非p}{所以，非q}$ 和 （4）$\dfrac{p当且仅当q \quad 非q}{所以，非p}$

也可表示为：

（1）$[(p\leftrightarrow q)\wedge p]\to q$ 或 （2）$[(p\leftrightarrow q)\wedge q]\to p$

（3）$[(p\leftrightarrow q)\wedge \bar{p}]\to \bar{q}$ 或 （4）$[(p\leftrightarrow q)\wedge \bar{q}]\to \bar{p}$

【案例】

（1）当且仅当三边相等，且三个内角相等的三角形，才是等腰三角形。有个三角形三边相等，且三内角相等，所以，该三角形是等腰三角形。

（2）当且仅当三边相等，且三个内角相等的三角形，才是等腰三角形。有个三角形是等腰三角形，所以，该三角形三边相等，且三内角相等。

（3）当且仅当物体受到非平衡力的作用，物体的运动状态才会发生改变。有个物体没有受到非平衡力的作用，所以，该物体的运动状态没有发生改变。

（4）当且仅当物体受到非平衡力的作用，物体的运动状态才会发生改变。有个物体的运动状态没有发生改变，所以，该物体没有受到非平衡力的作用。

【分析】

以上四个例子所表达的四种推理形式，即：肯定前件式和肯定后件式、否定前件式和否定后件式，它们都是充要条件假言推理的有效推理形式。

充要条件假言推理在日常生活中使用较少，更多用于数学、物理等领域的科学定义和定理推导中。

4.4　判断的否定与否定的判断：负判断及其等值推理

负判断，就是否定一个判断的判断，又可叫作判断的否定。在现代汉语中，表示负判断的联结词有"并非……""……是假的"等。在逻辑学上，负判断的常用形式为"并非 p"，可用符号"¬"来表示联结词"并非"。因此，负判断又表示为"¬p"或 $\bar{p}$。

【案例】

（1）很多观众喜欢看悲剧。

（2）并非很多观众喜欢看悲剧。

【分析】

在这里，例（2）就是例（1）的负判断。假定例（1）的值为真，显然，例（2）作为对一个真判断的否定，其值为假；假定例（1）的值为假，显然，例（2）作为对一个假判断的否定，其值为真。

一个负判断的真假取决于原判断的真假。若原判断为真，则负判断为假；若原判断为假，则负判断为真。负判断的真假情况如表 4.7 所示。

表 4.7　负判断的真值表

p	$\bar{p}$
真	假
假	真

从真假情况看，负判断与其所否定的原判断构成矛盾关系，二者不能同真也不能同假。负判断所否定的判断，可以是简单判断，也可以是复合判断。

以负判断作为前提，推出与其等值的判断作为结论的推理，叫作负判断的等值推理。负判断的等值推理又分为简单判断的负判断的等值推理和复合判断的负判断的等值推理。

"白天鹅"与"绿皮肤"：简单判断的负判断及其等值推理

简单判断的负判断就是对前面所介绍的六种性质判断进行否定而构成的判断。以简单判断的负判断作为前提，推出与其等值的判断作为结论的推理，叫作简单判断的负判断的等值推理。

（1）全称肯定判断的负判断及其等值推理

全称肯定判断的负判断，就是对全称肯定判断加以否定的判断。

可用公式表示为：

$$并非"所有 S 都是 P"$$

根据对当关系，全称肯定判断 SAP 与特称否定判断 SOP 互为矛盾关系。因此，全称肯定判断的负判断的等值判断是一个特称否定判断。

可用公式表示为：

$$并非（所有 S 是 P）＝有 S 不是 P$$

$$\overline{SAP} \leftrightarrow SOP$$

【案例】

并非所有的天鹅都是白色的，所以，有的天鹅不是白色的。

【分析】

此例以一个全称肯定判断的负判断作前提，推出一个特称否定判断作结论。

（2）全称否定判断的负判断及其等值推理

全称否定判断的负判断，就是对全称肯定判断加以否定的判断。

可用公式表示为：

$$并非"所有 S 不是 P"$$

根据对当关系，全称否定判断 SEP 与特称肯定判断 SIP 互为矛盾关系。因此，全称否定判断的负判断的等值判断是一个特称肯定判断。

可用公式表示为：

$$并非（所有 S 不是 P）＝有 S 是 P$$

$$\overline{SEP} \leftrightarrow SIP$$

【案例】

并非所有的鱼都不是哺乳动物，所以，有的鱼是哺乳动物。

【分析】

此例以一个全称否定判断的负判断作前提，推出一个特称肯定判断作结论。

（3）特称肯定判断的负判断及其等值推理

特称肯定判断的负判断，就是对特称肯定判断加以否定的判断。

可用公式表示为：

$$并非"有的 S 是 P"$$

根据对当关系，特称肯定判断 SIP 的矛盾判断是全称否定判断 SEP。因此，特称肯定判断的负判断的等值判断是一个全称否定判断。

可用公式表示为：

$$并非（有 S 是 P）= 所有 S 不是 P$$
$$\overline{SIP} \leftrightarrow SEP$$

【案例】

并非有的人种是绿皮肤，所以，所有的人种都不是绿皮肤。

【分析】

此例以一个特称肯定判断的负判断作前提，推出一个全称否定判断作结论。

（4）特称否定判断的负判断及其等值推理

特称否定判断的负判断，就是对特称否定判断加以否定的判断。

可用公式表示为：

$$并非"有 S 不是 P"$$

根据对当关系，特称否定判断 SOP 与全称肯定判断 SAP 互为矛盾关系。因此，特称否定判断的负判断的等值判断是一个全称肯定判断。

可用公式表示为：

$$并非（有 S 不是 P）= 所有 S 是 P$$
$$\overline{SOP} \leftrightarrow SAP$$

【案例】

并非有的花不是香的，所以，所有的花都是香的。

【分析】

此例以一个特称否定判断的负判断作前提，推出一个全称肯定判断作结论。

（5）单称肯定判断的负判断及其等值推理

单称肯定判断的负判断，就是对单称肯定判断加以否定判断。用公式表示为：

并非"这个 S 是 P"

单称肯定判断的负判断的等值判断是一个单称否定判断。

可用公式表示为：

并非（这个 S 是 P）="这个 S 不是 P"

【案例】

并非隋炀帝是一代明君，所以，隋炀帝不是一代明君。

【分析】

此例以一个单称肯定判断的负判断作前提，推出一个单称否定判断作结论。

（6）单称否定判断的负判断及其等值推理

单称否定判断的负判断就是对单称否定判断加以否定的判断。可用公式表示为：

并非"这个 S 不是 P"

单称否定判断的负判断的等值判断是一个单称肯定判断。

可用公式表示为：

并非（这个 S 不是 P）=这个 S 是 P

【案例】

并非孔子不是伟大的思想家，所以，孔子是伟大的思想家。

【分析】

此例以一个单称否定判断的负判断作前提，推出一个单称肯定判断作结论。

【思考】

在前面的章节中我们提到，在不影响判断之间关系的前提下，往往将单称判断视为全称判断的特例。但需要注意的是，与单称肯定判断互为矛盾关系的为什么不是特称否定判断？与单称否定判断互为矛盾关系的为什么不是特称肯定判断？

"好成绩"和"书呆子"：复合判断的负判断及其等值推理

与简单判断的负判断类似，复合判断的负判断就是对复合判断加以否定而构成的判断。以复合判断的负判断作为前提，推出与其等值的判断作为结论的推理，叫作复合判断的负判断的等值推理。

（1）联言判断的负判断及其等值推理

联言判断的负判断，就是对联言判断加以否定而构成的判断。

可用公式表示为：

$$并非"p 并且 q"$$

根据联言判断的逻辑特征，只有当两个联言支都为真时，联言判断才为真。因此，对一个联言判断的否定，就是断定它的联言支并不同时为真。

可用公式表示为：

$$并非（p 并且 q）=（非 p 或者非 q）$$

$$\overline{p \wedge q} \leftrightarrow \overline{p} \vee \overline{q}$$

【案例】

并非小张和小王都喜欢篮球运动，所以，小张不喜欢篮球运动或者小王不喜欢篮球运动。

【分析】

此例以一个联言判断的负判断作前提，推出一个相容选言判断作结论。其中，选言判断的支判断是联言判断的支判断的否定。

（2）相容选言判断的负判断及其等值推理

相容选言判断的负判断，就是对相容选言判断加以否定而构成的判断。

可用公式表示为：

$$并非"p 或者 q"$$

由于相容选言判断只有当选言支都为假时才为假，因此，相容选言判断的负判断就是对它的每个选言支的否定。

可用公式表示为：

$$并非（p 或者 q）=（非 p 且非 q）$$

$$\overline{p \vee q} \leftrightarrow \overline{p} \wedge \overline{q}^{①}$$

---

① 英国数学家、逻辑学家德·摩根首先发现了命题逻辑中 $\overline{p \wedge q} \leftrightarrow \overline{p} \vee \overline{q}$ 和 $\overline{p \vee q} \leftrightarrow \overline{p} \wedge \overline{q}$ 的对偶关系，所以，这两个表达式合称为德·摩根律或德·摩根律定理。

【案例】

并非老李去出差或者老赵去出差，所以，老李不去出差且老赵也不去出差。

【分析】

此例以一个相容选言判断的负判断作前提，推出一个联言判断作结论。其中，联言判断的支判断是选言判断的支判断的否定。

（3）不相容选言判断的负判断及其等值推理

不相容选言判断的负判断，就是对不相容选言判断加以否定而构成的判断。

可用公式表示为：

并非"要么 p 要么 q"

不相容选言判断只有当两个选言支中有且仅有一个为真时才为真，当两个选言支都为真或者都为假时为假，所以，不相容选言判断的负判断等值于一个复合的相容选言判断。

可用公式表示为：

并非（p 要么 q）=（p 且 q）或者（非 p 且非 p）

$$\overline{p \underline{\vee} q} \leftrightarrow [(p \wedge q) \vee (\bar{p} \wedge \bar{q})]$$

【案例】

并非要么老周受表扬，要么老钱受表扬，所以，老周和老钱都受表扬或者老周和老钱都不受表扬。

【分析】

此例以一个不相容选言判断的负判断作前提，推出一个复合的相容选言判断作结论。

（4）充分条件假言判断的负判断及其等值推理

充分条件假言判断的负判断，就是对充分条件假言判断加以否定而构成的判断。

可用公式表示为：

并非"如果 p 那么 q"

当充分条件假言判断的前件为真而后件为假时，它的真值为假，其他情况都为真。所以，充分条件假言判断的负判断等值于一个联言判断。

可用公式表示为：

$$并非（如果 p 那么 q）=（p 且非 q）$$

$$\overline{p \rightarrow q} \leftrightarrow （p \wedge \overline{q}）$$

【案例】

　　并非如果学习成绩好，那么就一定是书呆子，所以，学习成绩好，但不一定是书呆子。

【分析】

　　此例以一个充分条件假言判断的负判断作前提，可推出一个联言判断作结论。其中，联言判断的一个支判断是充分条件假言判断前件的肯定，另一个支判断是充分条件假言判断后件的否定。

　　（5）必要条件假言判断的负判断及其等值推理

　　必要条件假言判断的负判断，就是对必要条件假言判断加以否定而构成的判断。

　　可用公式表示为：

$$并非"只有 p 才 q"$$

　　必要条件假言判断只有在前件为假且后件为真时才为假，其他情况都为真。因此，必要条件假言判断的负判断等值于一个联言判断。

　　可用公式表示为：

$$并非（只有 p 才 q）=（非 p 且 q）$$

$$\overline{p \leftarrow q} \leftrightarrow （\overline{p} \wedge q）$$

【案例】

　　并非只有考上名牌大学才有出息，所以，没有考上名牌大学，也同样有出息。

【分析】

　　此例以一个必要条件假言判断的负判断作前提，可推出一个联言判断作结论。其中，联言判断的一个支判断是必要条件假言判断前件的否定，另一个支判断是必要条件假言判断后件的肯定。

　　（6）充要条件假言判断的负判断及其等值推理

　　充要条件假言判断的负判断，就是对充要条件假言判断加以否定而构成的判断。

可用公式表示为：

并非"当且仅当 p，才 q"

根据充要条件假言判断的真值情况可知，当前件与后件的真值相同时，充要条件假言判断的真值才为真。因此，充要条件假言判断的负判断等值于一个复合的相容选言判断。

可用公式表示为：

并非（p 当且仅当 q）=（p 且非 q）或者（非 p 且 q）

$$\overline{p\leftrightarrow q}\leftrightarrow[(p\wedge\overline{q})\vee(\overline{p}\wedge q)]$$

【案例】

并非"当且仅当天下雨，他才收被子"等于"天下雨但他没收被子"或者"天没有下雨，但他收了被子"。

【分析】

此例以一个充要条件假言判断的负判断作前提，可推出一个复合的相容选言判断作结论。

（7）负判断的负判断及其等值推理

负判断的负判断，就是对负判断加以否定而构成的判断。

可用公式表示为：

并非"非 p"

当负判断所否定的原判断为真时，该负判断为假；当负判断所否定的原判断为假时，该负判断为真。因此，当"非 p"为真时，并非"非 p"为假；当"非 p"为假时，并非"非 p"为真。此外，"非 p"为真，即 p 为假；"非 p"为假，即 p 为真。

可用公式表示为：

并非（非 p）= p

$$\overline{\overline{p}}\leftrightarrow p$$

【案例】

并非"并非小吴爱吃甜品"，所以，小吴爱吃甜品。

【分析】

此例以一个负判断的负判断作前提，用双重否定判断表达肯定判断。

4.5　唐僧取真经：多重复合判断及其推理 ①

所谓多重复合判断，就是复合判断的支判断本身又是复合判断的判断。多重复合判断一般由现代汉语中的多重复合句表达。

【案例】

（1）要么小张和小王都喜欢看 NBA，要么如果小王不喜欢看 NBA，那么小张也不喜欢看 NBA。

（2）只有增强人格魅力，才能在社会上如鱼得水，并且如果学习钢琴或拉小提琴，就能增强人格魅力。

【分析】

例（1）是一个不相容选言判断。其前一个选言支由"小张和小王都喜欢看 NBA"这个联言判断组成，后一个选言支由"如果小王不喜欢看 NBA，那么小张也不喜欢看 NBA"这个充分条件假言判断组成。

其形式结构可表示为：

$$要么（p 且 q）要么（如果 p 那么 q）$$

$$（p \wedge q）\veebar（p \rightarrow q）$$

例（2）是一个联言判断。其前一个联言支由"只有增强人格魅力，才能在社会上如鱼得水"这个必要条件假言判断组成，后一个联言支由"如果学习钢琴或拉小提琴，就能增强人格魅力"这个充分条件假言判断组成。

其形式结构可表示为：

$$（只有 p 才 q）并且（如果 r 那么 p）$$

$$（p \leftarrow q）\wedge（r \rightarrow p）$$

---

① 复合判断与简单判断之间不是绝对对立的。简单判断之间的关系，特别是性质判断之间的关系，可以用复合判断来表达和刻画。具体地讲，A 与 E 之间的反对关系：不能同真，可能同假。其形式结构可表示为："$\overline{A \wedge E}$"，或者"$\overline{A} \vee \overline{E}$"。

A 与 O 之间的矛盾关系：既不能同真，也不能同假；其一为真，另一必假；其一为假，另一必真；其形式结构可表示为："$（A \vee O）\wedge \overline{A \wedge O}$"，即"$A \leftrightarrow \overline{O}$"或"$\overline{A} \leftrightarrow O$"。

E 与 I 之间的矛盾关系：既不能同真，也不能同假；其一为真，另一必假；其一为假，另一必真。其形式结构可表示为："$（E \vee I）\wedge \overline{E \wedge I}$"，即"$E \leftrightarrow \overline{I}$"或"$\overline{E} \leftrightarrow I$"。

A 与 I 之间的等差关系：前真则后真，后假则前假。其形式结构可表示为："$A \rightarrow I$"。

E 与 O 之间的等差关系：前真则后真，后假则前假。其形式结构可表示为："$E \rightarrow O$"。

I 与 O 之间的下反对关系：不能同假，可以同真。其形式结构可表示为："$I \vee O$"。

【练习】

分析下面语句所表达的多重复合判断，并用逻辑形式表示出来。

（1）如果孙悟空不会任何法术，并且猪八戒不离开高老庄，那么唐僧就不能取得真经。

（2）只有认真学习，才能天天进步，并且如果认真学习，那么就能天天进步。

（3）如果坚持锻炼身体，那么身体健康，并且如果身体健康，那么百病不侵。

（4）或者读万卷书，或者行万里路，否则是不会增长什么见识的。

以多重复合判断为前提，也可以进行相应的推理。进行多重复合判断推理时，也必须遵守相应推理规则，否则，就不能保证推理的有效性。多重复合判断推理在以下小节里还会多处提到。

4.6　聪明的纪晓岚：复合判断推理及其综合运用

以上介绍的复合判断及其推理，都是以单一的判断及其推理为基础的。但在实际思维和日常语言表达中，人们还经常会把各种复合判断及其推理结合起来加以运用，这就是复合判断推理及其综合运用。这些判断和推理的方法包括假言与联言结合的方法、假言与选言结合的方法、假言与假言结合以及相关等值推理的方法等。这些复合判断推理方法都是人们日常思维和语言表达中经常运用的方法，在实际运用中有着各自独特的意义和作用。

暴力干涉婚姻自由：假言联言推理法 ━━━

假言联言推理法，就是以两个假言判断和一个联言判断为前提，推出另一个判断作结论的推理方法。假言联言推理法分为肯定和否定两种方法。

假言联言推理的肯定法，就是前提中的联言判断肯定假言判断的前件（或后件），结论肯定其后件（或前件）的推理方法。

（1）如果前提中的假言判断是充分条件假言判断，则前提中的联言判断肯定其前件，结论肯定其后件。

（2）如果前提中的假言判断是必要条件假言判断，则前提中的联言判断肯定其后件，结论肯定其前件。

【案例】

（1）如果以暴力干涉他人婚姻自由，就构成干涉婚姻自由罪；如果故意非法损害他人健康，就犯了故意伤害罪；本案被告以暴力干涉他人婚姻自由并且故意非法损害他人健康，所以，本案被告既构成干涉婚姻自由罪，又犯了故意伤害罪。

（2）只有认真学习，才能取得好成绩；只有刻苦钻研，才能攀登科学高峰，所以，既然你要想取得好成绩，攀登科学高峰，那就要认真学习，刻苦钻研。

【分析】

这两个案例都是假言联言推理的肯定法。例（1）是充分条件假言联言推理的肯定法。例（2）是必要条件假言联言推理的肯定法。

其推理形式可表示为：

如果 p 那么 q	只有 p 才 q
如果 r 那么 s	只有 r 才 s
p 且 r	q 且 s
（1）———————————；	（2）———————————
所以，q 且 s	所以，p 且 r

也可以表示为：

（1）$[(p{\rightarrow}q) \land (r{\rightarrow}s) \land (p{\land}r)] \rightarrow (q{\land}s)$

（2）$[(p{\leftarrow}q) \land (r{\leftarrow}s) \land (q{\land}s)] \rightarrow (p{\land}r)$

假言联言推理的否定法，就是前提中的联言判断否定假言判断的后件（或前件），结论否定其前件（或后件）的推理方法。

（1）如果前提中的假言判断是充分条件假言判断，则前提中的联言判断否定其后件，结论否定其前件。

（2）如果前提中的假言判断是必要条件假言判断，则前提中的联言判断否定其前件，结论否定其后件。

【案例】

（1）如果以暴力干涉他人婚姻自由，就构成干涉婚姻自由罪；如果故意非法损害他人健康，就犯了故意伤害罪；本案被告的行为没有构成干涉婚姻自由罪，也没有构成故意伤害罪，所以，本案被告没有暴力干涉他人婚姻自由并且也没有故意非法损害他人健康。

（2）只有认真学习，才能取得好成绩；只有刻苦钻研，才能攀登科学高峰，所以，既然你不认真学习，又不刻苦钻研，那么，就不会取得好成绩，也不能攀登科学高峰。

【分析】

这两个案例都是假言联言推理的否定法。例（1）是充分条件假言联言推理的否定法。例（2）是必要条件假言联言推理的否定法。

其推理形式可表示为：

如果 p 那么 q	只有 p 才 q
如果 r 那么 s	只有 r 才 s
非 q 且非 s	非 p 且非 r
（1）――――――――；	（2）―――――――――
所以，非 p 且非 r	所以，非 q 且非 s

也可以表示为：

（1）$[(p \rightarrow q) \wedge (r \rightarrow s) \wedge (\bar{q} \wedge \bar{s})] \rightarrow (\bar{p} \wedge \bar{r})$

（2）$[(p \leftarrow q) \wedge (r \leftarrow s) \wedge (\bar{p} \wedge \bar{r})] \rightarrow (\bar{q} \wedge \bar{s})$

普罗泰戈拉收徒弟：假言选言推理法

假言选言推理法，就是以两个假言判断和一个相容选言判断为前提，推出另一个判断作结论的推理方法。假言选言推理法分为肯定和否定两种方法。

假言选言推理的肯定法，就是前提中的相容选言判断肯定假言判断的前件（或后件），结论肯定其后件（或前件）的推理方法。

（1）如果前提中的假言判断是充分条件假言判断，则相容选言判断肯定其前件，结论肯定其后件。

（2）如果前提中的假言判断是必要条件假言判断，则相容选言判断肯定其后件，结论肯定其前件。

【案例】

（1）如果你是一个唯物论者，你就会一切从实际出发；如果你坚持辩证法，你就会全面地看问题；你或者是一个唯物论者，或者坚持辩证法，所以，你或者会一切从实际出发，或者会全面地看问题。

（2）只有某甲是故意犯罪，某甲剥夺他人生命的行为才是出于故意；只有某甲是过失犯罪，某甲剥夺他人生命的行为才是出于过失；某甲剥夺他人生命的行为或者出于故意或者出于过失，所以，某甲或者是故意犯罪或者是过失犯罪。

【分析】

这两个案例都是假言选言推理的肯定法。例（1）是充分条件假言选言推理的肯定法。例（2）是必要条件假言选言推理的肯定法。

其推理形式可表示为：

如果 p 那么 q　　　　　　　　　只有 p 才 q

如果 r 那么 s　　　　　　　　　只有 r 才 s

p 或者 r　　　　　　　　　　　q 或者 s

（1）─────────────；　　（2）─────────────

所以，q 或者 s　　　　　　　　所以，p 或者 r

也可以表示为：

(1) $[(p \to q) \wedge (r \to s) \wedge (p \vee r) \to (q \vee s)]$

(2) $[(p \leftarrow q) \wedge (r \leftarrow s) \wedge (q \vee s) \to (p \vee r)]$

在这种假言选言推理的肯定法中，假言判断的前件和后件都不相同，是假言选言推理肯定法的复杂式。此外，还有假言选言推理肯定法的简单式。

【案例】

（1）如果你是一个唯物论者，你就会客观全面地分析和处理问题；如果你坚持辩证法，你也会客观全面地分析和处理问题；你或者是一个唯物论者，或者坚持辩证法，所以，你总会客观全面地分析和处理问题。

（2）只有某甲的行为是故意犯罪，某甲才有犯罪的动机；只有某甲的行为是故意犯罪，某甲才有犯罪的事实；某甲有犯罪的动机或者有犯罪的事实，所以，某甲的行为是故意犯罪。

【分析】

这两个案例的结论都是假言选言推理肯定法的简单式。在例（1）中，两个充分条件假言判断的前件不同，后件相同；通过前提肯定其前件，结论肯定其相同后件。在例（2）中，两个必要条件假言判断的后件不同，前件相同；通过前提肯定其后件，结论肯定其相同前件。

其推理形式可表示为：

$$如果 p 那么 r \qquad\qquad 只有 p 才 r$$
$$如果 q 那么 r \qquad\qquad 只有 p 才 s$$
$$p 或者 q \qquad\qquad\qquad r 或者 s$$

（1）——————；　　（2）——————

　　　　所以，r　　　　　　　　　　所以，p

也可以表示为：

（1）$[（p→r）∧（q→r）∧（p∨q）]→r$

（2）$[（p←r）∧（p←s）∧（r∨s）]→p$

【思考】

　　清代学者纪晓岚自幼勤奋好学。当他还是个孩子的时候，就经常跑到书摊上去看书。掌柜见他总是只看不买，就不耐烦了。

　　一天，掌柜对他说："孩子，我们是靠卖书吃饭的，你要看，就买回去看好了。"

　　纪晓岚听了，很不高兴。歪着小脑袋说："买书就得先看。不看，怎么知道哪本好呢？"

　　掌柜说："你这小家伙还蛮有道理呢！你看我多少书啦，就没有一本好的值得你买吗？"

　　纪晓岚见掌柜发了火，为了想看书，也就很和气地说："你这书摊上好的书倒是不少，不过，我看完后也就背得了，还买它有何用？"

　　掌柜不相信："嘿，你真有这本事，看完就能背？"掌柜料想纪晓岚是在瞎说，于是，顺手拿起一本纪晓岚刚看过的书说道："要是你当着我的面把这本书背下来，我就把它白送你；要是你背不下来，就永远别再来白看我的书了！"

　　"好，一言为定！"纪晓岚说完这句话后把两只小手一背，仰头望天，果然把那本书背了下来。

　　掌柜大吃一惊，接连赞叹这孩子日后必成大器，并把那本书送给了纪晓岚。

　　请问少年纪晓岚用了什么推理方法说服了掌柜，让他只看书不买书的？

【练习】

　　如果小林喜欢运动，则他将成为体操冠军，如果他喜欢运动，则他可能成为滑板冠军；小林没有成为体操冠军，也没能成为滑板冠军。请问小林究竟喜欢不喜欢运动？请写出推理形式。

假言选言推理的否定法，就是前提中的相容选言判断否定假言判断的后件（或前件），结论否定其前件（或后件）的推理方法。

（1）如果前提中的假言判断是充分条件假言判断，则相容选言判断否定其后件，结论否定其前件。

（2）如果前提中的假言判断是必要条件假言判断，则相容选言判断否定其前件，结论否定其后件。

【案例】

（1）如果你是一个唯物论者，你就会一切从实际出发；如果你坚持辩证法，你就会全面地看问题；你或者不会一切从实际出发，或者不会全面地看问题，所以，你或者不是一个唯物论者，或者不坚持辩证法。

（2）只有某甲是故意犯罪，某甲剥夺他人生命的行为才是出于故意；只有某甲是过失犯罪，某甲剥夺他人生命的行为才是出于过失；某甲或者不是故意犯罪或者不是过失犯罪，所以，某甲剥夺他人生命的行为或者不是出于故意或者不是出于过失。

【分析】

这两个案例都是假言选言推理否定法的复杂式。例（1）是充分条件假言选言推理否定法的复杂式。例（2）是必要条件假言选言推理否定法的复杂式。

其推理形式可表示为：

如果 p 那么 q	只有 p 才 q
如果 r 那么 s	只有 r 才 s
非 q 或者非 s	非 p 或者非 r

（1）————————；（2）————————

　　　　所以，非 p 或者非 r　　所以，非 q 或者非 s

也可以表示为：

$$(1) [(p \to q) \wedge (r \to s) \wedge (\bar{q} \vee \bar{s})] \to (\bar{p} \vee \bar{r})$$
$$(2) [(p \leftarrow q) \wedge (r \leftarrow s) \wedge (\bar{p} \vee \bar{r})] \to (\bar{q} \vee \bar{s})$$

在这种假言选言推理的否定法中，假言判断的前件和后件都不相同，是假言选言推理否定法的复杂式。此外，还有假言选言推理否定法的简单式。

【案例】

（1）如果你是一个辩证唯物论者，你就会一切从实际出发；如果你是一个辩证唯物论者，你就会全面地看问题；你或者不会一切从实际出发，或者不会全面地看问题，总之，你不是一个辩证唯物论者。

（2）只有某甲触犯刑法，其行为才具有社会危害性；只有某甲触犯刑法，才会受到刑法处罚；某甲的行为或者不具有社会危害性，或者没有受到刑法处罚，总之，某甲没有触犯刑法。

【分析】

这两个案例都是假言联言推理否定法的简单式。在例（1）中，两个充分条件假言判断的前件相同，后件不同，通过前提否定其后件，结论否定其相同前件。在例（2）中，两个必要条件假言判断的后件相同，前件不同，通过前提否定其前件，结论否定其相同后件。

其推理形式可表示为：

$$如果 p 那么 r \qquad\qquad 只有 p 才 r$$
$$如果 p 那么 s \qquad\qquad 只有 q 才 r$$
$$非 r 或者非 s \qquad\qquad 非 p 或者非 q$$

（1）────────────────；（2）────────────────

$$所以，非 p \qquad\qquad 所以，非 r$$

也可以表示为：

$$(1)\ [(p \rightarrow r)\ \wedge\ (p \rightarrow s)\ \wedge\ (\bar{r} \vee \bar{s})] \rightarrow (\bar{p})$$
$$(2)\ [(p \leftarrow r)\ \wedge\ (q \leftarrow r)\ \wedge\ (\bar{p} \vee \bar{q})] \rightarrow (\bar{r})$$

【练习】

请问下列推理运用了什么推理方法？推理形式是否有效？写出该推理的形式结构。

既然上帝是万能的，那么，上帝能不能创造出一块他自己举不起来的石头？如果上帝能够创造出这么一块石头，那么，上帝不是万能的，因为有一块石头上帝举不起来；如果上帝不能够创造出这么一块石头，那么，上帝也不是万能的，因为有一块石头上帝不能创造出来；总之，上帝不是万能的。

特别值得说明的是，假言选言推理的这些推理形式被经常运用于日常语言表达，尤其是在论辩之中。这些推理方法如果运用得当，经常可以使对方对两种结果的选择都难以接受，从而陷入进退维谷，左右为难的境地。所以，逻辑上有人把这种推理称为"二难推理"。

【案例】

普罗泰戈拉是古希腊著名的诡辩家，靠传授论辩技巧、教人打官司为生，是古希腊第一个自称为"智者"的人。据说，他教授论辩术，传授诉讼和辩护的方法，通常都要与学生签订合同。

一位名叫欧提勒士的学生向普罗泰戈拉求学论辩术。普罗泰戈拉说："你可以跟我学习论辩术，但不能白听，我要收费。"

为显示自己收费合理，普罗泰戈拉采用两次收费的方法，他深信自己教出来的学生学成后一定能当上律师，且第一次出庭一定会胜诉。于是，普罗泰戈对拉欧提勒士说："欧提勒士，你的学费可以分两期支付，一半学费在入学时支付，另一半学费可以在你学成以后，即第一次出庭胜诉后再交付，你同意吗？"欧提勒士很快同意了老师的要求，两人立即签订了合同。合同规定，老师传授学生论辩术，学生入学时须交一半学费，另一半学费等学生毕业后帮人打赢了官司即第一次出庭胜诉后再交。

欧提勒士按照合同规定先支付了一半学费，很快就学完了全部课程。普罗泰戈拉一直等着欧提勒士交付另一半学费。但欧提勒士根本不把合同放在心上，学成后一直不肯出庭替人家打官司，当然也就一直不交另一半学费。普罗泰戈拉忍无可忍，决定向法庭起诉，指控欧提勒士拖欠学费。在庭审中，师徒双方展开了一场饶有趣味的辩论，其中最为精彩的是，他们从真实性难以怀疑的前提出发，却得出了两个完全相反的结论。

老师颇为得意地说："如果你在我们的案件中胜诉，你就应该按照合同规定支付另一半学费，因为这是你第一次出庭，并取得胜诉；如果你败诉，那么你就必须依照法庭的判决付给我另一半学费，总之，不管你胜诉还是败诉，你都得付给我另一半学费。"

可是，没有想到，学生也不甘示弱，针锋相对地回答说："老师，你错了，恰恰相反，如果你要同我打官司，无论我胜诉还是败诉，都用不着付给你另一半学费。因为如果我胜诉了，那么根据法庭的判决，我当然不用付另一半学费；如果我败诉了，那么我也用不着付另一半学费，因为我们的合同规定我第一次出庭胜诉后才付给你另一半学费。"

【分析】

案例中，普罗泰戈拉和欧提勒士师徒二人，都同时使用了二难推理，企图置对方于必败境地。

其推理形式是：

$$如果 p 那么 r$$

$$如果 q 那么 r$$

$$p 或者 q$$

———————————

$$所以，r$$

也可以表示为：

$$[（p \rightarrow r）\land（q \rightarrow r）\land（p \lor q）] \rightarrow r$$

【思考】

为什么普罗泰戈拉和欧提勒士师徒二人进行推理的形式相同，但内容和结局却完全不同？为何会出现这种情况？他们的问题出在哪里？

名不正言不顺：假言连锁推理法

假言连锁推理法，是以两个或两个以上的假言判断为前提，根据假言判断的逻辑特征，推出另一个新的假言判断作结论的推理方法。这种推理方法的特点是：前提中前一个假言判断的后件与后一个假言判断的前件相同，由断定最前一个假言判断的前件（或最后一个假言判断的后件）作结论的前件，由此断定最后一个假言判断的后件（或最前一个假言判断的前件）作结论的后件。

假言连锁推理法分为充分条件假言连锁推理和必要条件假言连锁推理两种方法。

充分条件假言连锁推理法，是以两个或两个以上充分条件假言判断作前提，且前一个判断的后件，是后一个假言判断的前件，通过肯定（或否定）最前一个假言判断的前件（或最后一个假言判断的后件），进而肯定（或否定）最后一个假言判断的后件（或最前一个假言判断的前件）的推理方法。

【案例】

（1）如果名不正，则言不顺；如果言不顺，则事不明，所以，如果名不正，则事不明。

（2）如果合同有效，则毁约方应当受罚；如果毁约方受罚，则毁约方就面临破产，所以，既然毁约方没有面临破产，则合同无效。

【分析】

例（1）是充分条件假言连锁推理的肯定法。例（2）是充分条件假言连锁推理的否定法。

充分条件假言连锁推理法的形式结构可表示为：

如果 p 那么 q　　　　　　　　　如果 p 那么 q

如果 q 那么 r　　　　　　　　　如果 q 那么 r

（1）————————；　　　（2）————————

　　所以，如果 p 那么 r　　　　　　所以，如果非 r 或者非 p

也可以表示为：

$$（1）[（p→q）∧（q→r）]→（p→r）$$
$$（2）[（p→q）∧（q→r）]→（\overline{r}→\overline{p}）$$

必要条件假言连锁推理法，是以两个或两个以上必要条件假言判断做前提，且前一个判断的后件，是后一个假言判断的前件，通过否定（或肯定）最前一个假言判断的前件（或最后一个假言判断的后件），进而否定（或肯定）最后一个假言判断的后件（或最前一个假言判断的前件）的推理方法。

【案例】

（1）只有犯了罪，才能判刑；只有判了刑，才会蹲监狱；所以，如果某人蹲监狱，那么，他就一定犯了罪。

（2）只有合同有效，毁约方才应当受罚；只有毁约方受罚，毁约方才会面临破产；所以，既然合同无效，则毁约方不会面临破产。

【分析】

例（1）是必要条件假言连锁推理的肯定法。例（2）是必要条件假言连锁推理的否定法。

必要条件假言连锁推理法的形式结构可表示为：

只有 p 才 q　　　　　　　　　只有 p 才 q

只有 q 才 r　　　　　　　　　只有 q 才 r

（1）————————；　　　（2）————————

　　所以，如果 r 那么 p　　　　　　所以，如果非 p 那么非 r

也可以表示为：

$$（1）[（p←q）∧（q←r）]→（r→p）$$
$$（2）[（p←q）∧（q←r）]→（\overline{p}→\overline{r}）$$

除了以上复合判断推理及综合应用外，还包括以下常用的推理方法。

武松打老虎：复合判断之间的等值推理法

根据复合判断之间的等值关系，由一种复合判断作前提，推出另一种复合判断作结论的方法。其中包括假言推理之间的等值推理法、假言判断与选言判断之间的等值推理法等推理方法。

1. 以充要条件假言判断作前提，可以推出一个充分条件假言判断和一个必要条件假言判断（或两个相应的充分条件假言判断）作结论。

其推理的形式结构是：

$$当且仅当 p 才 q$$

$$\overline{\qquad\qquad\qquad\qquad\qquad\qquad}$$

$$（如果 p 那么 q）且（只有 p 才 q）$$

或

$$当且仅当 p 才 q$$

$$\overline{\qquad\qquad\qquad\qquad\qquad\qquad}$$

$$（如果 p 那么 q）且（如果非 p 那么非 q）$$

也可以表示为：

$$(p \leftrightarrow q) \leftrightarrow [(p \rightarrow q) \wedge (p \leftarrow q)] \text{ 或}$$
$$(p \leftrightarrow q) \leftrightarrow [(p \rightarrow q) \wedge (\bar{p} \rightarrow \bar{q})]$$

定理 4.1 一个充要条件假言判断，等值于一个充分条件假言判断加一个必要条件假言判断。

【案例】

（1）当且仅当是故意犯罪，才会有犯罪动机；所以，如果是故意犯罪，就一定有犯罪动机，并且，只有故意犯罪才会有犯罪动机。

（2）当且仅当是故意犯罪，才会有犯罪动机；所以，如果是故意犯罪，就一定有犯罪动机，并且，如果不是故意犯罪就不会有犯罪动机。

【分析】

例（1）中的前提是充要条件假言判断，结论是一个相应的充分条件假言判断和一个必要条件假言判断。例（2）中的前提是充要条件假言判断，结论是两个相应的充分条件假言判断。

2. 以充分条件假言判断作前提，可以推出一个必要条件假言判断（或另一个相应的充分条件假言判断）作结论。

其推理的形式结构是：

$$\frac{如果\ p\ 那么\ q}{只有\ q\ 才\ p}$$

或

$$\frac{如果\ p\ 那么\ q}{如果非\ q\ 那么非\ p}$$

也可以表示为：

$$（p \rightarrow q）\ \leftrightarrow\ （q \leftarrow p）或$$
$$（p \rightarrow q）\ \leftrightarrow\ （\bar{q} \rightarrow \bar{p}）$$

定理 4.2　在假言判断中，前件是后件的充分条件，后件就是前件的必要条件；反之，前件是后件的必要条件，后件就是前件的充分条件。[①]

定理 4.3　一个充分条件假言判断（命题）与其逆否判断（命题）等值。

【案例】

（1）如果感染了新冠病毒，就会发烧，所以，只有发烧，才感染了新冠病毒。

（2）如果感染了新冠病毒，就会发烧，所以，如果没有发烧，就没有感染新冠病毒。

【分析】

在例（1）中，"感染新冠病毒"是"发烧"的充分条件，"发烧"就是"感染新冠病毒"的必要条件。在例（2）中，前提是一个充分条件假言判断（命题），结论是它的逆否判断（命题）。

3. 以充分条件假言判断做前提，可以推出一个相容选言判断做结论。[②]

其推理的形式结构是：

---

① 由于前后件之间的位置发生了变化，即前件变成了后件，后件变成了前件，不少教科书把这种推理方法也称为"假言易位推理"。

② 由于这种推理方法表示了蕴涵与析取之间的转换规律，现代逻辑称之为蕴析律。这是一条很重要，同时也很有用的规律。

$$\frac{如果\,p\,那么\,q}{非\,p\,或者\,q}$$

也可以表示为：

$$（p{\to}q）\;{\leftrightarrow}\;（\overline{p}{\vee}q）$$

【案例】

如果感染了新冠病毒，就会发烧，所以，或者没有感染新冠病毒，或者发烧。

【分析】

在此例中，由一个充分条件假言判断作前提，推出一个相容选言判断作结论。其中，相容选言判断的一个支判断是充分条件假言判断前件的否定，即"没有感染新冠病毒"；另一个支判断是充分条件假言判断后件的肯定，即"发烧"。

那么，为什么以充分条件假言判断作前提，可以推出一个相容选言判断作结论呢？

首先，公式（p→q）→（$\overline{p}$∨q），即蕴析律的左边推出右边。

公式左边（p→q）是一个充分条件假言判断，即如果 p 那么 q，也就是断定（p→q）为真。而要满足这一条件，就必须保证或者前件 p 为假，即 $\overline{p}$（否定 p），或者后件 q 为真，即 q（肯定 q）。而或者前件 p 为假，即 $\overline{p}$（否定 p），或者后件 q 为真，即 q（肯定 q）。这恰好与右边公式（$\overline{p}$∨q）所表达的意义相同（相等）。

其次，公式（$\overline{p}$∨q）→（p→q），即蕴析律的右边推出左边。

公式左边（¬p∨q）是一个相容的选言判断，即或者 $\overline{p}$（否定 p）或者 q（肯定 q）。如果否定 $\overline{p}$，即 p（肯定 p），则根据相容选言推理"否定一部分选言支就要肯定另一部分选言支"的规则，就要肯定 q，也就是如果 p 那么 q，即 p→q。这恰好与右边公式（p→q）所表达的意义相同（相等）。

综上所述，蕴析律（p→q）↔（$\overline{p}$∨q）成立。

4. 以不相容选言判断作前提，可以推出一个复合的联言判断作结论。

其推理的形式结构是：

$$\frac{p\,要么\,q}{（p\,或者\,q）且（非\,p\,或者\,q）}$$

也可以表示为：

$$（p \veebar q）\leftrightarrow [（p \vee q）\wedge（\overline{p} \vee \overline{q}）]$$

【案例】

武松要么把老虎打死，要么被老虎吃掉，所以，武松或者把老虎打死，或者被老虎吃掉，并且，武松或者没有把老虎打死，或者没有被老虎吃掉。

【分析】

此例中，前提是一个不相容选言判断，结论是一个复合的联言判断。其中，联言判断的支判断是两个相容选言判断。

【练习】

（1）以不相容选言判断作前提，为什么可以推出一个复合的联言判断作结论？

（2）以不相容选言判断作前提，是否可以推出一个充要条件假言判断的负判断作结论？为什么？试举例说明。

运用复合判断之间的等值转换推理，将负判断（¬）、联言判断（∧）、相容选言判断（∨）、不相容选言判断（⊻）、充分条件假言判断（→）、必要条件假言判断（←）和充要条件假言判断（↔）这七种逻辑形式或运算可以转换成（划归为）只包含负判断（¬）、联言判断（∧）、相容选言判断（∨）三种逻辑形式或运算。

通过上面的介绍我们知道：

第一，任何逻辑公式都可以转换为只包含这三种运算或推理的规范化公式，即范式。

第二，任何复杂的运算都可以只通过这三种最基本的运算完成。这三种运算，在计算机和数字电路中，分别被叫作"非门""与门"和"或门"，这是计算机和数字电路的逻辑基础。正因为如此，我们可以说逻辑是计算机的基础，没有逻辑就没有计算机，更没有现代人工智能。

第三，逻辑形式之间也充满了既相互对立（矛盾），又相互统一（同一）的辩证关系。就矛盾的同一性来说，这些逻辑形式之间，不仅是相互依存的，而且是可以相互转化的。这就很形象地揭示了初步的逻辑哲学或思维形式的辩证法的思想。

排球赛谁上场：其他复合判断推理

反三段论法推理

如果充分条件假言判断的前件是一个联言判断，那么，我们可以通过否定其后件，肯定联言判断的一个支判断，结论否定联言判断其余的支判断。这种推理方法叫作反三段论法。

【案例】

如果推理的前提为真，且形式有效，则一定能推出可靠结论；已知没有推出可靠结论，但推理的前提为真；可见，推理形式无效。

【分析】

在此例中，"前提为真"和"形式有效"是"推出可靠结论"的充分条件，通过否定"推出可靠结论"，同时，肯定"前提为真"，结论否定"形式有效"。这就是一个典型的反三段论法的实例。

反三段论法的推理形式可表示为：

$$如果（p 且 q）则 r$$

$$非 r$$

$$p$$

$$\overline{\quad\quad\quad\quad\quad\quad}$$

$$所以，非 q$$

也可以表示为：

$$[（（p \wedge q） \rightarrow r） \wedge \bar{r} \wedge p] \rightarrow \bar{q}$$

【练习】

本场排球赛如果小张上场并且小田不上场，那么小马一定不上场。

如果以上判断都是真的，那么，再加上以下哪个选项作前提，可以得出结论：小田上场。

（1）小张上场而小田不上场。

（2）小张与小马都不上场。

（3）小张不上场而小马上场。

（4）小张和小马都上场。

【思考】

（1）如果充分条件假言判断的后件是一个联言判断，那么，我们是否可以通过否定其后件，否定联言判断的一个支判断，结论肯定联言判断其余的支判断？试写出其推理的形式结构加以判定。

（2）如果必要条件假言判断的后件是一个联言判断，那么，我们是否可以通过否定其前件，肯定联言判断的一个支判断，结论否定联言判断其余的支判断？试写出其推理的形式结构加以判定。

（3）如果假言判断的前件（或后件）是一个选言判断，那么，我们是否可以通过类似方法进行推理？如果可以，试写出其推理的形式结构；如果不可以，请说出理由。

反证法推理

为证明一个判断为真，以该判断的否定判断为充分条件假言判断的前件，分别推出两个相互矛盾的后件，进而推出该判断为真的推理方法，叫作反证法或归真法。

反证法的推理形式可表示为：

如果非 p 那么 q

如果非 p 那么非 q

――――――――――――

所以，p

也可以表示为：

$$[(\bar{p} \to q) \wedge (\bar{p} \to \neg q)] \to p$$

反证推理法是数学和逻辑证明中经常运用的一种推理方法。

反驳法推理

为证明一个判断为假，以该判断的肯定判断为充分条件假言判断的前件，分别推出两个相互矛盾的后件，进而推出该判断为假的推理方法，叫作反驳推理法或归谬法。

反驳推理法的推理形式可表示为：

如果 p 那么 q

如果 p 那么非 q

――――――――――――

所以，非 p

也可以表示为：

$$[（p \rightarrow q）\land （p \rightarrow \bar{q}）] \rightarrow \bar{p}$$

反驳推理法是数学和逻辑反驳中经常运用的一种推理方法。

"找案犯"与"选队员"：有效推理及其综合运用

到目前为止，我们所看到的逻辑公式共有三个大类：

（1）无论公式中的变项取什么值，该公式总是真的；

（2）无论公式中的变项取什么值，该公式总是假的；

（3）公式随着变项的取值有时为真，有时为假。

我们把第一类公式叫作永真式，即重言式；第二类公式叫作永假式，即矛盾式；第三类公式叫作可满足式，即协调式。只有重言式才是人们思维和表达时需要遵守，并可以运用的有效推理形式，而协调式，特别是矛盾式，则是人们思维和表达时需要排除，不能运用的无效或错误的推理形式。

运用有效推理形式（重言式），除了可以进行上述推理之外，还可以：

（1）进行更为复杂的推理；

（2）证明复杂的推理的正确性；

（3）确认判断之间是否协调一致。

【案例】

某案件有四名犯罪嫌疑人，法庭调查后确认：

（1）A是罪犯或者B是罪犯；

（2）如果B是罪犯，那么C就不是罪犯；

（3）只有C是罪犯，D才不是罪犯；

（4）A不是罪犯。

根据法庭确认，推出谁是罪犯？

【分析】

1. B是罪犯　　　（（1）（4），相容选言推理否定肯定法）

2. C不是罪犯　　（（2）（5），充分条件假言推理肯定前件法）

3. D是罪犯　　　（（3）（6），必要条件假言推理否定前件法）

因此，A和C不是罪犯，B和D是罪犯。

【练习】

1. 学校选派同学参加国际大专辩论比赛。教练组经过认真研判后确定：

（1）如果戊和已都参加，那么丁也参加；

（2）如果丁参加，则丙也参加；

（3）只有甲不参加，乙才不参加；

（4）要么乙参加，要么丙参加；

（5）并非或者甲不参加或者戊不参加。

请推断 6 人中哪些参加，哪些不参加？并写出推理的步骤和依据。

2. 警察对甲、乙、丙、丁、戊、已 6 名罪犯分别进行了审讯。通过他们的口供分析得到如下信息：

（1）并非如果甲说真话，则乙也说真话；

（2）只有甲说假话，丙才说真话；

（3）或者丙说真话，或者丁说假话；

（4）如果丁和戊说假话，则已说真话；

（5）并非已和甲都说真话。

请推断 6 名罪犯中哪些说真话，哪些说假话？并写出推理的步骤和依据。

【案例】

证明下列推理的正确性。

如果法治不健全或者社会不稳定，那么物价就要上涨；如果物价上涨，那么或者通货膨胀或者人民遭受损失；如果人民遭受损失，政府就会失去民心。事实上，并没有出现通货膨胀，而且政府也没有失去民心。所以，并不是法治不健全。

【分析】

设 p 表示"法治健全"，q 表示"社会稳定"，r 表示"物价要上涨"，s 表示"通货膨胀"，w 表示"人民遭受损失"，u 表示"政府失去民心"，题中的已知条件可表示为：

①如果（p 或者 q）那么 r　　　（已知）

②如果 r 那么（s 或者 w）　　　（已知）

③如果 w 那么 u　　　（已知）

④非 s 且非 u　　　（已知）

⑤非 s　　　（④，联言推理的分解法）

⑥非 u　　　（④，联言推理的分解法）

⑦非 w　　　（③⑥，充分条件假言推理否定后件法）

⑧非 s 且非 w　　　　　　　（⑤⑦，联言推理的组合法）

⑨非（s 或者 w）　　　　　　（⑧负相容选言判断的等值推理法）

⑩非 r　　　　　　　　　　　（②⑨，充分条件假言推理否定后件法）

⑪非（非 p 或者非 q）　　　　（①⑩，充分条件假言推理否定后件法）

⑫p 且 q　　　　　　　　　　（⑪负相容选言判断的等值推理法）

⑬p　　　　　　　　　　　　（⑫联言推理的分解法）

从以上推导可知，由前面 4 个已知条件为前提，推出最后结论 p，即"并非法治不健全"。可见，原推理是正确的。

因此，根据已知条件，如果能够推出与原推理的结论相同的判断，则说明原推理是正确的，否则就是不正确的。

利用重言式不仅能进行复杂的推理，证明推理的正确性，而且还可以确认若干判断之间是否协调一致。如果从一组前提出发能够同时推出一个判断及其否定判断，则说明该组前提存在着矛盾，即这些判断之间是不协调一致的。

【练习】

确认下列判断是否协调一致。

如果被告不是犯了谋杀罪，那么他并非就在受害者房中并且不会在 11 点以前离开；事实上他在受害者房中；如果他在 11 点以前离开，则看门人就会看到他；然而，看门人看到他或者他犯了谋杀罪。

第 5 章

"不懂逻辑者不得入内"
——模态逻辑：模态判断及其推理

【导读】

　　本章虽然内容不多，但意义却不小。客观世界以及其他可能世界都存在很多必然性和可能性的事件，道德与法律层面也不乏必须与允许规范的区别。我们如何从必然推演到或然，又怎样由必须演绎至允许，其中的逻辑道理有些耐人寻味。本章粗略地介绍最基本的模态逻辑的内容，主要包括必然模态判断及其推理、或然模态判断及其推理、必须模态判断及其推理、允许模态判断及其推理以及上述判断和推理的综合运用。读完本章，你可以试试将模态逻辑对当方阵与前面所介绍过的性质判断对当方阵作个对比、重叠，看看你是否会有一些新的发现。

【关键词】

　　模态　真值模态　规范模态　模态判断　模态推理　模态对当方阵　模态三段论

　　前面两章介绍的简单判断和复合判断都是非模态判断，由这些判断构成的推理都是非模态推理。在这一章里，我们将介绍模态判断和模态判断推理，这是模态逻辑的基础。模态逻辑是日常思维和科学运用中不可忽略的逻辑分支。

　　逻辑学是一门严谨而又有趣的学科。正因为如此，有些逻辑问题才会引发一些有趣的事。

　　【案例】

　　亚里士多德学院的门口竖着一块牌子，上面写着："不懂逻辑者不得入内"。这天，来了一群人，他们都是懂逻辑的人。如果牌子上的话得到准确的理解和严格的执行，那么以下诸断定中，只有一项是真的。这一真的断定是（　　　）。

　　A. 他们可能不会被允许进入。

　　B. 他们一定不会被允许进入。

　　C. 他们一定会被允许进入。

　　D. 他们不可能被允许进入。

【分析】

根据前面的知识，以"不懂逻辑者不得入内"作前提，可以推出"懂逻辑者不一定入内"。也就是说，这群人"可能被允许入内"，也"可能不被允许入内"。因此，B、C、D 为假，正确选项是 A。解答本题的过程就要涉及模态判断及其推理。

5.1　流浪者之歌：模态判断

模态判断就是含有模态词的判断。

【案例】

（1）凶手必然经过此处进入受害者的房间。

（2）国家工作人员必须保守国家机密。

【分析】

例（1）中含有模态词"必然"，例（2）中含有模态词"必须"。这就是两个模态判断。

模态判断的特征在于它包含有模态词。最初指反映事物的必然性、可能性的"必然""可能"等词，后来又用这些词表达人们认识的确定性程度。20 世纪以来，学界公认模态词还包括"必须""允许""应当""禁止"等词。其中，"必然""可能"等模态词叫作真值模态词，"必须""允许""应当""禁止"等叫作规范模态词。

根据模态判断所包含的模态词的不同，模态判断分为真值模态判断和规范模态判断。

贼的儿子一定是贼：真值模态判断

所谓真值模态判断，就是断定对象具有或不具有某种必然性和可能性的判断。它的特征在于包含"必然""可能"等真值模态词。

【案例】

印度影片《流浪者》里，印度大法官拉贡纳特素来相信"贼的儿子一定是贼""法官的儿子一定是法官"的荒谬逻辑，并以此为据错给扎卡判了罪。无辜的扎卡设法越狱后，成了真正的罪犯，并决心对拉贡纳特进行报复，他先用计使拉贡纳特抛弃了正要分娩的妻子。于是，在一个凄风苦雨的夜晚，法官的儿子拉兹降生在大街上。从小与母亲生活在贫困屈辱之中的拉兹，在强盗扎卡的威胁利诱下，成了一个到处流浪的小偷。

长大后，在一次行窃中，拉兹意外地遇见了童年时的女友——楚楚动人的贵族小姐丽达，他们真诚地相爱了。皎洁的月光下，他们在平静的海面上荡起小舟，享受着爱的滋润。爱情给拉兹带来了新生的渴望，他决心痛改前非，要用劳动来养活自己和母亲。然而，工厂却因为拉兹曾经是贼而开除了他，扎卡也在胁迫他。一天，拉兹回家，正遇上扎卡为了躲避警察的追捕而想扼死自己的母亲，他为保护母亲，杀死了扎卡并被捕。当他知道法官拉贡纳特就是自己的亲生父亲，并知道了自己的身世后，便设法从狱中逃了出来，结果行刺拉贡纳特未遂再度被捕。在法庭上，已成为律师的丽达为拉兹做了精彩的辩护。拉兹的悲惨经历证明了法官拉贡纳特血统论的逻辑荒谬。

【分析】

案例中，法官拉贡纳特关于"贼的儿子一定是贼""法官的儿子一定是法官"的错误判断，就是两个真值模态判断。它们分别断定了"贼的儿子"必然具有"贼"的性质，"法官的儿子"必然具有"法官"的性质，它们都包含了真值模态词是"一定（必然）"，是两个典型的真值模态判断。

根据判断包含的真值模态词的不同，真值模态判断分为必然判断和或然判断。

第一，必然判断是断定事物必然具有或不具有某种性质的判断。它包含的真值模态词是"必然"。必然判断又分为必然肯定判断和必然否定判断。

必然肯定判断，就是断定事物情况必然具有某种性质的判断。其结构式可表示为：

$$\Box P$$

"□"是必然模态符号，叫作必然模态算子，读作"必然"。

必然否定判断，就是断定事物情况必然不具有某种性质的判断。其结构式可表示为：

$$\Box \overline{P}$$

【案例】

（1）贼的儿子必然是贼。

（2）法官的儿子必然不是法官。

【分析】

这就是两个必然判断。例（1）是一个必然肯定判断，断定"贼的儿子"必然具有"贼"的性质，或者断定"贼的儿子"具有"贼"的必然性。例（2）是一个必然否定判断，断定"法官的儿子"必然不具有"法官"的性质，或者断定"法官的儿子"不具有"法官"的必然性。很显然，这两个判断都不符合事实，是两个假判断。

第二，或然判断，也叫作可能判断，是断定事物可能具有或不具有某种性质的判断。它包含的模态词是"可能"。或然判断又分为或然肯定判断和或然否定判断。

或然肯定判断，就是断定事物可能具有某种性质的判断。其结构式可表示为：

$$◇P$$

"◇"是或然模态符号，叫作或然模态算子，读作"可能"。

或然否定判断，就是断定事物情况可能不具有某种性质的判断。其结构式可表示为：

$$◇\overline{P}$$

【案例】

（1）贼的儿子可能是贼。

（2）法官的儿子可能不是法官。

【分析】

这就是两个或然判断。例（1）是一个或然肯定判断，断定"贼的儿子"可能具有"贼"的性质，或者断定"贼的儿子"具有"贼"的可能性。例（2）是一个或然否定判断，断定"法官的儿子"可能不具有"法官"的性质，或者断定"法官的儿子"不具有"法官"的可能性。由于两个判断所断定的内容与事实相符，所以，两个判断都是真判断。

综上所述，真值模态判断包括四种判断，即必然肯定判断、必然否定判断、或然肯定判断和或然否定判断。

上述四种真值模态判断，即□P、□P̄、◊P和◊P̄之间不是彼此孤立，毫无联系的。具有相同主项和谓项的四种真值模态判断之间，存在着与A、E、I和O四种性质判断之间的对当关系相同的真假制约关系，逻辑上叫作真值模态对当关系。这种关系也可以用一个正方形直观地刻画出来，这就是真值模态逻辑方阵，如图5.1所示。

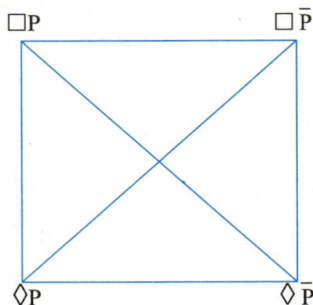

图 5.1　真值模态逻辑方阵图

真值模态逻辑方阵刻画了以下四种关系。

第一，矛盾关系：即□P与◊P̄、□P̄与◊P之间的关系，它们的真值情况是：

（1）一个判断为真，另一个判断必假；

（2）一个判断为假，另一个判断必真。

即两种判断之间既不能同真，也不能同假。

第二，反对关系：即□P与□P̄之间的关系，它们的真值情况是：

（1）一个判断为真，另一个判断必假；

（2）一个判断为假，另一个判断可以真也可以假。

即两种判断之间不能同真，但可以同假。

第三，下反对关系：即◊P与◊P̄之间的关系，它们的真值情况是：

（1）一个判断为假，另一个判断必真；

（2）一个判断为真，另一个判断可以假也可以真。

即两种判断之间不能同假，但可以同真。

第四，差等关系：即□P与◊P、□P̄与◊P̄之间的关系，它们的真值情况是：

（1）必然判断为真，可能判断必真；

（2）可能判断为真，必然判断可以假也可以真；

（3）必然判断为假，可能判断可以真也可以假；

（4）可能判断为假，必然判断必假。

【练习】

举例说明真值模态判断之间的对当关系。

子女必须赡养父母：规范模态判断

规范模态判断，就是断定人们的行为规范（受约束或不受约束，以及受约束的程度）的判断。规范模态判断包含"必须""允许"等规范模态词。

【案例】

（1）世界上大多数国家都规定子女必须赡养父母。

（2）本市三环路以内的所有区域禁止燃放烟花爆竹。

【分析】

这就是两个规范模态判断。它们分别断定了世界上大多数国家子女关于赡养父母的强制约束性以及该市三环路以内的所有区域关于禁止燃放烟花爆竹的强制性规定，它们分别包含了"必须""禁止"等规范模态词。

根据判断包含的规范模态词的不同，规范模态判断分为必须判断和允许判断两种。

第一，必须判断，是断定人们必须做什么或必须不做什么的判断。它包含的规范模态词是"必须"。必须判断又分为必须肯定判断和必须否定判断。

必须肯定判断，就是断定人们必须做什么的判断。其结构式可表示为：

$$Op$$

"O"是必须模态符号，叫作必须模态算子，读作"必须"。

必须否定判断，就是断定人们必须不做什么（禁止做什么）的判断。其结构式可表示为：

$$O\bar{p}$$

【案例】

（1）国家机关工作人员必须保守国家机密。

（2）辩护律师不能（禁止）为犯罪嫌疑人做无罪辩护。

【分析】

这就是两个必须判断。例（1）是一个必须肯定判断，断定"国家机关工作人员"必须遵守"保守国家机密"的行为规范，或者断定"国家机关工作人员"必须遵守"保守国家机密"的约束。这是一个真判断。例（2）是一个必须否定判断，断定"辩护律师"必须不能"为犯罪嫌疑人做无罪辩护"，或者断定"辩护律师""为犯罪嫌疑人做无罪辩护"的行为被禁止。很显然，这个判断与事实不符合，是一个假判断。

第二，允许判断，也叫作可以判断，是断定允许人们做什么或不做什么（可以做什么或不可以做什么）的判断。它包含的规范模态词是"允许（可以）"。允许判断又分为允许肯定判断和允许否定判断两种。

允许肯定判断，就是断定允许人们做什么的判断。其结构式可表示为：

$$Pp$$

"P"是或然模态符号，叫作或然模态算子，读作"允许"或"可以"。

允许否定判断，就是断定允许人们不做什么的判断。其结构式可表示为：

$$P\bar{p}$$

【案例】

（1）本学期的课程论文允许以电子文档的形式交给老师。

（2）理工科的学生可以不把"音乐欣赏"作为选修课。

【分析】

这就是两个允许判断。例（1）是一个允许肯定判断，断定"本学期的课程论文"可以"以电子文档的形式交给老师"，或者断定"本学期的课程论文""以电子文档的形式交给老师"的行为是被允许的行为。例（2）是一个允许否定判断，断定"理工科的学生"允许不把"音乐欣赏"作为选修课的行为，或者断定"理工科的学生"不把"音乐欣赏"作为选修课的行为，是被允许的行为。由于两个判断所断定的内容涉及与相关规定是否相符的问题，所以，其真假都需要被具体确认。

上述共介绍了四种规范模态判断，即必须肯定判断、必须否定判断、允许肯定判断和允许否定判断。

四种规范模态判断，即 Op、$O\bar{p}$、Pp 和 $P\bar{p}$ 之间也具有与四种真值模态判断之间的对当关系相同的真假制约关系，逻辑上叫作规范模态对当关系。这种关系也可以用一个正方形直观地刻画出来，这就是规范模态逻辑方阵，如图 5.2 所示。

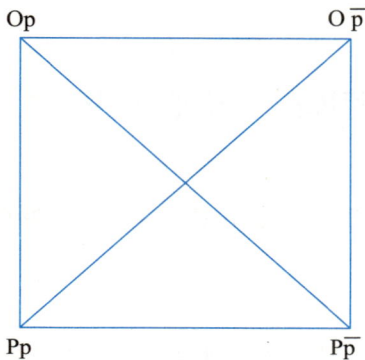

图 5.2 规范模态逻辑方阵图

规范模态逻辑方阵刻画了以下四种关系。

第一，矛盾关系：即 Op 与 P$\overline{p}$、O$\overline{p}$ 与 Pp 之间的关系，它们的真值情况是：

（1）一个判断为真，另一个判断必假；

（2）一个判断为假，另一个判断必真。

即两种判断之间既不能同真，也不能同假。

第二，反对关系：即 Op 与 O$\overline{p}$ 之间的关系，它们的真值情况是：

（1）一个判断为真，另一个判断必假；

（2）一个判断为假，另一个判断可以真也可以假。

即两种判断之间不能同真，但可以同假。

第三，下反对关系：即 Pp 与 P$\overline{p}$ 之间的关系，它们的真值情况是：

（1）一个判断为假，另一个判断必真；

（2）一个判断为真，另一个判断可以假也可以真。

即两种判断之间不能同假，但可以同真。

第四，差等关系：即 Op 与 Pp 、O$\overline{p}$ 与 P$\overline{p}$ 之间的关系，它们的真值情况是：

（1）必须判断为真，允许判断必真；

（2）允许判断为真，必须判断可以假也可以真；

（3）必须判断为假，允许判断可以真也可以假；

（4）允许判断为假，必须判断必假。

【练习】

举例说明规范模态判断之间的对当关系。

5.2　随父姓还是随母姓：模态推理

模态推理是以模态判断作前提，并根据模态判断的逻辑特征推出一个新的模态判断作结论的推理。

【案例】

（1）本案被告不可能是凶手，所以，本案被告必然不是凶手。

（2）任何公民都可以对国家机关工作人员提出批评和建议，老张是公民，所以，老张可以对国家机关工作人员提出批评和建议。

【分析】

这就是两个模态判断推理。例（1）以一个真值模态判断作前提，推出一个新的真值模态判断作结论，是一个真值模态直接推理。例（2）以一个规范模态判断作大前提，另一个性质判断作小前提，推出一个新的规范模态判断作结论，是一个规范模态三段论推理。

由于模态判断分为真值模态判断和规范模态判断，所以，模态推理也相应地分为真值模态推理和规范模态推理。

人都会犯错：真值模态推理

所谓真值模态推理，就是以真值模态判断作前提，并根据真值模态判断的逻辑特征，推出一个新的真值模态判断作结论的推理。常见的真值模态推理主要有真值模态对当关系推理和真值模态三段论推理。

真值模态对当关系推理，就是根据真值模态判断之间的对当关系进行的推理。其推理的根据、方法、推理的形式结构可以参照 A、E、I 和 O 四种性质判断之间的对当关系推理。

最常用的真值模态对当关系推理，就是根据真值模态判断之间的矛盾关系进行的推理。

（1）必然 P，所以，不可能非 P

$\Box P \leftrightarrow \neg \Diamond \bar{P}$

（2）不必然 P，所以，可能非 P

$\neg \Box P \leftrightarrow \Diamond \bar{P}$

（3）必然非 P，所以，不可能 P

$\Box \bar{P} \leftrightarrow \neg \Diamond P$

（4）不必然非 P，所以，可能 P

$\neg \Box \bar{P} \leftrightarrow \Diamond P$

上述例（1）中"本案被告不可能是凶手，所以，本案被告必然不是凶手"就是根据例（3）"必然非 P，所以，不可能 P"即"$\Box \bar{P} \leftrightarrow \neg \Diamond P$"来进行推理的。

【练习】

（1）请分别根据真值模态对当关系中反对关系、下反对关系和差等关系概括出所有有效的真值模态对当关系推理及其形式结构，并举例加以说明。

（2）所有人都不可能不犯错误，不一定所有人都会犯相同的错误。

如果上述断定为真，则以下哪项一定为真？

A. 所有人都一定会犯相同的错误，但有的人可能不犯相同的错误。

B. 所有人都可能会犯相同的错误，但所有人都可能不犯相同的错误。

C. 所有人都可能会犯相同的错误，但有的人可能不犯相同的错误。

D. 所有人都一定会犯相同的错误，但所有人都可能不犯相同的错误。

E. 所有人都可能会犯相同的错误，但有的人一定不犯相同的错误。

真值模态三段论推理，即真值模态三段论，是在性质判断的三段论推理中引入真值模态算子而构成的推理。它主要包括必然模态三段论推理、或然模态三段论推理以及必然模态与或然模态混合的三段论推理等多种类型。

第一，必然模态三段论推理，就是三段论推理的前提和结论都是由必然模态判断充当的模态三段论推理。

【案例】

故意犯罪必然是有犯罪动机的行为，被告的行为是故意犯罪，所以，被告的行为必然是有犯罪动机的行为。

【分析】

这就是一个有效的必然模态三段论推理。

第二，或然模态三段论推理，就是三段论推理的前提和结论都是由或然模态判断充当的模态三段论推理。

【案例】

每个有独立主权的国家都可能在国内实行社会主义和资本主义并存的国家制度，某国是有独立主权的国家；所以，某国可能在国内实行社会主义和资本主义并存的国家制度。

【分析】

这就是一个有效的或然模态三段论推理。

第三，必然模态与或然模态混合的三段论推理。就是三段论推理中既包含必然模态判断，又包含或然模态判断。

这种三段论推理的前提或结论中既包含必然模态判断，又包含或然模态判断，并根据真值模态判断的逻辑性质来进行推理。

【案例】

凡被处以刑罚的行为都必然是犯罪行为，被告的行为可能是被处以刑罚的行为；所以，被告的行为可能是犯罪行为。

【分析】

这就是一个有效的必然模态与或然模态混合的三段论推理。

公共场合禁止吸烟：规范模态推理

所谓规范模态推理，就是以规范模态判断作前提，并根据规范模态判断的逻辑特征，推出一个新的规范模态判断作结论的推理。常见的规范模态推理，主要有规范模态对当关系推理和规范模态三段论推理。

规范模态对当关系推理，就是根据规范模态判断之间的对当关系进行的推理。其推理的根据、方法和形式结构可以参照真值模态对当关系推理。

最常用的规范模态对当关系推理主要是根据规范模态判断之间的矛盾关系进行的推理。

（1）必须 p，所以，不允许非 p

$$Op \leftrightarrow \neg P\overline{p}$$

（2）不必须 p，所以，允许非 p

$$\neg Op \leftrightarrow P\overline{p}$$

（3）必须非 p，所以，不允许 p

$$O\overline{p} \leftrightarrow \neg Pp$$

（4）不必须非 p，所以，允许 p

$$\neg O\overline{p} \leftrightarrow Pp$$

【案例】

公共场合必须不（禁止）吸烟，所以，公共场合不允许吸烟。

【分析】

此例就是根据例（3）"必须非 p，所以，不允许 p"，即"$O\overline{p} \leftrightarrow \neg Pp$"来进行的推理。

【练习】

请分别根据规范模态对当关系中反对关系、下反对关系和差等关系，概括出所有有效的规范模态对当关系推理及其形式结构，并举例加以说明。

规范模态三段论推理，即规范模态三段论，是在性质判断的三段论推理中引入规范模态算子而构成的推理。它主要包括必须模态三段论推理、允许模态三段论推理等多种类型。

第一，必须模态三段论推理，就是三段论推理大前提由一个必须判断充当，小前提由一个性质判断充当，推出另一个必须判断作结论的模态推理。

【案例】

（1）所有外国人在中国领土上都必须遵守中国法律，法国人是外国人，所以，法国人在中国领土上也必须遵守中国法律。

（2）任何公民都必须不吸毒，某甲是公民，所以，某甲必须不吸毒。

【分析】

这就是两个有效的必须模态三段论推理。

第二，允许模态三段论推理的大前提由一个允许判断充当，小前提由一个性质判断充当，推出另一个允许判断作结论的模态推理。

【案例】

（1）诉讼参与人可以对判决提出异议，辩护律师是诉讼参与人；所以，辩护律师可以对判决提出异议。

（2）所有父母的子女可以随母姓，所以，小英也可以随母姓。

【分析】

这就是两个有效的允许模态三段论推理。

模态判断和模态推理是司法工作中运用广泛的逻辑方法，注意识别和区分必然与或然、必须与允许的逻辑特征，在实际工作和日常社会生活中尤为重要。因此，模态逻辑方法如何在司法理论研究、司法实践以及日常社会生活中发挥更大的作用，是摆在司法工作者和逻辑工作者面前的共同课题。

第 6 章

南极冷笑话
——归纳逻辑：归纳推理与类比推理

🗂 【导读】

　　归纳推理与类比推理是逻辑世界的另一个领域。恰如唯物论与唯心论的论争推动哲学的发展一样，归纳学派与演绎学派的论争也助推逻辑学的进步。本章将初步介绍时下逻辑领域颇具魅力的归纳逻辑及其推理、类比推理及其推理。我们可以了解一些非常受用的逻辑方法，如归纳材料的收集方法、整理归纳材料的方法、简单枚举法、科学归纳法、探求因果联系的方法、类比推理法、溯因推理法、假说演绎推理法，等等。这些实用的逻辑方法无论对我们的教学和研究，生活或工作都具有相当的价值，但在运用过程中也要防止"以偏概全""机械类比"等逻辑错误。

📖 【关键词】

　　实验　观察　调查　比较　归类　分析与综合　抽象与概括　求同法　求异法　求同求异并用法　共变法　剩余法　完全归纳法　简单枚举法　科学归纳法　类比推理法　溯因推理法　假说演绎推理法

　　逻辑是研究推理的科学。前面三章我们花了较大篇幅分别介绍了简单判断推理、复合判断推理以及模态判断推理，这些推理统称为演绎推理。本章介绍两种与前述推理完全不同的推理——归纳推理和类比推理，并从中领略其逻辑智慧，感受创新思维的别样魅力。

【案例】

　　一个科学考察团找来 100 只企鹅，想了解它们每天都干些什么。

　　第一只说："吃饭、睡觉、打豆豆。"

　　第二只说："吃饭、睡觉、打豆豆。"

　　一直问了 99 只都如此。

　　当问到第 100 只时，它说："吃饭、睡觉。"

　　考察队员问：你怎么不打豆豆呢？

　　那只企鹅愤愤地说：因为我就是豆豆！

【分析】

这个冷笑话就包含着归纳推理及其逻辑道理。

6.1　选择血型：归纳推理

在传统逻辑中，归纳推理是以特殊性或个别性知识的判断作前提，推出一般性知识的判断作结论的推理。

【案例】

（1）夫妇甲的血型都是B型，他们的子女的血型或者是B型，或者是O型；夫妇乙的血型都是B型，他们的子女的血型或者是B型，或者是O型；夫妇丙的血型都是B型，他们的子女的血型或者是B型，或者是O型；夫妇丁的血型都是B型，他们的子女的血型或者是B型，或者是O型；可见，只要夫妇的血型都是B型，他们的子女的血型或者是B型，或者是O型。

（2）天文学观察和研究发现，水星、金星、地球、火星、木星和土星以及天王星、海王星都是球形天体，它们都沿着椭圆轨道绕着太阳运行。所以，所有太阳系的八大行星都是球形天体并沿着椭圆轨道绕着太阳运行。

【分析】

这两个案例都是以个别性知识的判断作前提，推出一般性知识的判断作结论的归纳推理。

逻辑论战：归纳学派 VS 演绎学派 ━━━━

归纳推理的推理过程决定了它具有以下几个突出的逻辑特征。这些逻辑特征构成了其与前面介绍的简单判断推理、复合判断推理以及模态判断推理的演绎推理的明显区别。

第一，从思维进程的方向看，归纳推理是从特殊性或个别性知识的判断，推出一般性知识的判断；演绎推理是从一般性知识的判断出发，推出特殊性或个别性知识的判断。

第二，从前提和结论断定范围的比较看，归纳推理结论的断定范围超出前提的断定范围；演绎推理的结论所断定的范围不会超出前提所断定的范围。

第三，以上两个特征，决定了归纳推理不是一种必然性的推理，而是一种或然性（可能性）推理，它的前提与结论之间一般都没有必然性的联系，即前提真实，但结论却不一定可靠；演绎推理则是一种必然性的推理，它的前提和结论之间存在着蕴涵关系，即必然性联系，只要前提真实，推理形式有效，便可推导出可靠的结论。

总之，归纳推理是或然性推理，演绎推理一定是必然性推理。这是归纳推理和演绎推理最本质的逻辑特征。

一直以来，归纳学派和演绎学派进行着激烈的论战。前者认为，演绎的前提必须由归纳得到，没有归纳就没有演绎。后者认为，归纳的结论不能必然地得出。它们互相指责，互不相让。那么，究竟应该怎样看待它们之间的论争？如何处理归纳与演绎的关系呢？

唯物辩证法认为：在认识过程中，归纳推理和演绎推理是相辅相成，密不可分的。演绎推理离不开归纳推理，因为演绎推理是以一般性结论为根据的推理，而作为演绎根据的一般性结论就是由归纳推理得来的。反之，归纳推理也离不开演绎推理。那是因为：其一，归纳推理是对于特殊事件的判断的归纳，如果不以一定的理论、原理为指导，不运用演绎推理，归纳推理就无法进行；其二，归纳推理所得到的结论是否可靠，还要以一定的理论、原理作指导，通过演绎推理进行证明。所以，恩格斯指出："归纳和演绎，正如分析和综合一样，是必然相互联系着的，不应当牺牲一个而把另一个捧到天上去，应当把每一个都用到该用的地方，而要做到这一点，就只有注意它们的相互联系，它们的相互补充。"①

【案例】

（1）所有金属都是能够导电的，铜是金属，所以，铜是能够导电的。

（2）金是能够导电的，银是能够导电的，铜是能够导电的，铁是能够导电的，锡是能够导电的；金、银、铜、铁、锡都是金属，所以，凡金属都是能够导电的。

【分析】

例（1）就是从一般到个别，结论的断定范围没有超出前提的断定范围，前提与结论之间具有必然性联系的演绎推理。例（2）则是从个别到一般，结

---

① 《马克思恩格斯全集》第20卷，人民出版社1998年版，第571页。

论的断定范围超出了前提的断定范围，前提与结论之间不具有必然性联系的归纳推理。

归纳推理需要保证它的前提具有真实性，因此收集前提是进行归纳推理非常关键的环节，也是一项基础性工作。

神农氏作《百草经》：归纳前提的收集方法

归纳前提的收集方法主要包括观察、实验和调查三种。

观察

观察是指人们通过感觉或仪器，有目的、有计划地认识各种现象，从而获取一定经验材料的方法。

【案例】

我们的先祖神农氏在日常生产和采集过程中发现，有的草木被人食用之后会引起腹痛、昏迷甚至死亡等中毒反应，有的草木则可以医治一些常见的疾病。为了让部落的子民能够了解不同草药的习性，不至于误服中毒，神农氏决定走遍山川，尝遍百草。传说神农氏曾在一天之内遇到了 70 种剧毒草木，都依靠他发现的一种能解毒的草"茶"——化解。神农将所遇到的草木的功效、有无毒副作用等情况一一记录下来，奠定了中医药学的基础。后人为了纪念这位伟大的部落领袖，将第一部中医药典籍叫作《神农百草经》。

【分析】

此例表明，在没有任何科学仪器的时代，神农通过尝百草的观察方法，得到了许多关于中草药药性的经验材料，有力地推动了中医药学的发展。

【案例】

（1）王某给张某看面相，王某说："你放心，这是我看遍市面上大多数相面算命书籍之后，对照自己的情况总结得到的新理论，肯定有用。"

（2）有位瘦身专家在某电视节目上说："食肉动物，如狮子、老虎、豹子等都很瘦，而食草动物，如牛、羊、大象等都很胖，所以吃肉能减肥！"

（3）在 17 世纪之前，"地心说"（地球是宇宙的中心）被认为是正统理论。在伽利略发明望远镜后，观察到了太阳表面的黑子，证明了太阳的自转活动，有力地支撑了哥白尼提出的"日心说"（太阳是宇宙的中心）。

【分析】

例（1）显然是一个错误归纳。王某在大多数面相书籍中总结出的理论，是以自己为参照，主观性较大，其理论的可信程度极小。例（2）也是一个错误归纳。在野外的食肉动物需要在捕猎过程中消耗大量能量，因此从食肉动物瘦，并不能归纳出吃肉能减肥，而且在动物园的食肉动物也有发胖的现象，所以该归纳结论不可靠。在例（3）中，虽然"日心说"在后来也被证明是错误的，但相比早前没有科学数据支撑的"地心说"，"日心说"有伽利略天文望远镜观察数据的支持，所得到的理论要更加可靠一些。

所以，在进行观察时，我们要注意以下几点：第一，要避免观察的主观性，必须实事求是；第二，要确保观察的全面性，因为观察结果有遗漏很可能引起重大错误；第三，要尽可能利用精确的科学仪器，克服感官的局限。

【练习】

（1）注意观察学校男女同学书包的颜色、款式、质地等要素，看看有哪些不同特征？

（2）关注各班板报的内容、版式和色彩，看看学校里哪些班级的板报质量较高。

实验

实验是人们根据研究的目的，在人为控制某些现象的变化时，创造一些自然条件下不易产生或得不到的条件，使得被研究的现象多次重复出现，并对其进行研究的方法。如物理实验、化学实验、生物学实验，等等。

【案例】

（1）古希腊思想家亚里士多德曾经断言：物体从高空落下的快慢与物体的重量成正比，重者下落快，轻者下落慢。比如说，十公斤重的物体落下时要比一公斤重的物体下落速度快十倍。上千年来，人们一直将亚里士多德的论断奉为圭臬。直到 16 世纪，伽利略发现了这一理论在逻辑上的矛盾，他说，假如一块大石头以某种速度下降，那么，按照亚里士多德的论断，一块较小的石头就会以慢些的速度下降。如果我们把这两块石头捆在一起，那这块新石头，将以什么样的速度下降呢？如果按亚里士多德的论断，一方面，新石头的下降速度应该比第一块大石头的下降速度慢，因为它加上了一块以较慢速度下降的小石头，会使第一块大石头下降的速度减缓；另一方面，新石头的下降速度又要比第一块大石头的下降速度快，因为把两块石头捆在一起，它的重量大于第一块大石头。这两个互相矛盾的结论不能同时成立，所以，亚里士多德的论断是不合逻辑的。

为了证明这一观点，伽利略同许多人一道来到比萨斜塔进行实验。伽利略登上塔顶，将一个重 100 磅和一个重 1 磅的铁球同时抛下。在众目睽睽之下，两个铁球差不多是一齐落到地上的。伽利略用事实证明了，轻重不同的物体，从同一高度坠落，加速度一样，它们将同时着地，从而推翻了亚里士多德的错误论断。

（2）在刘慈欣著名的科幻小说《三体》中有一个情节：三体人利用他们先进的技术制造出一个多维粒子"智子"，并将其发射到地球。"智子"在压缩状态下是看不见摸不着的，但它能够干扰地球的粒子对撞实验，使得每一次粒子对撞都得到无规律的不同的结论，最后导致地球的基础科学研究陷入"死胡同"，难以推进。

【分析】

例（1）表明，实验具有纯粹化的特点，即排除外界其他因素的干扰，突出研究的主要因素，因为伽利略时期科学技术还不够发达，只能使用一些较为朴素的实验方法，如果将比萨斜塔的实验置于真空条件下，则其结论更为明显，因为在人为抽取容器中的空气时，铁块和纸片两种轻重悬殊的物体都会同时落地。

从例（2）看，《三体》中智子对地球基础科学的破坏力从反面体现了实验的另一个重要特征：模拟和重复研究对象的发生状态。粒子对撞就是通过粒子对撞机还原量子世界中不同量子生成、消亡过程的实验。通过反复的实验。可以观察到一些新粒子（如"暗物质"）的产生，并掌握粒子运动的规律，极大地推动量子科学的发展。

实验虽然是比观察更精确的方法，但有些现象是难以进行实验的，比如日食、月食等天文现象。所以，在实际应用中，观察和实验往往结合使用，相互补充。

调查

调查是通过各种手段，收集和分析相关的资料，了解情况并得出结论的方法。如商务调查、司法调查、社会调查，等等。调查可以通过抽样、问卷、访问等方式来进行。

【案例】

网络上曾经有一个调侃记者采访春运乘客的笑话。

记者走进一辆春运列车的车厢，他随机采访一位乘客："请问你买到春运的车票了吗？"乘客高兴地回答："买到了！"随后记者又采访了十多位乘客，发现他们都买到了春运的车票，于是高兴地说："看来所有人都买到了春运车票，春运一票难求的情况已成为过去式！"

【分析】

这则笑话表达了一个错误的调查方法，那就是没有深入各种调查对象中，找不到问题的症结。春运车厢的乘客显然是购买到票的人，仅仅对他们进行调查，肯定不能得到准确的结论。

所以，在调查时要注意三个问题。

（1）要有正确的立场、观点和方法；

（2）要从实际出发，避免先入为主；

（3）要深入调查，找到问题症结。

【练习】

根据所学，分析下列案例中出现的逻辑推理是否合理。

2019 年，四川广汉三星堆遗址在新的祭祀坑中发掘出 500 余件重要文物，其中黄金面具残片无疑是最为重大的发现。对于金面具的原料出处和器物用法，有一些专家做出了如下分析：

专家 1：此次三星堆出土的金器多为金银二元合金，含金量约在 85% 以上，根据《四川省志•地理志》记载，四川金矿主要分布在川西高原、川西南与盆地外围山区、盆地西北部等地。因此可以推测，三星堆金器原料有可能来源于大渡河、雅砻江流域。

专家 2：三星堆出土的这一个金面具，有一小部分是残的，可以计算出它的完整的宽度是超过过去出土的金面具，这样的大金面具显然不是盖在真人的脸上的。因此它应该是覆盖在作为祭祀对象的古蜀王的青铜面具上，或者是作为古蜀人祭祀神灵的青铜面具上的。

专家 3：黄金文物在我们国家中原地区的文明里面相对来说比较少见，像中国的黄金文物主要出现在中原的周边地区，比如说内蒙古地区和陕西地区，陕西出土的黄金文物有不少证明来自于西方。所以三星堆黄金面具也有可能是从西方或者游牧民族流传进来。

汽车也是动物：归纳材料的整理方法

通过观察、实验和调查获得的材料，还需要运用一些方法对它们进行整理，才能得到正确的结论。整理材料的方法大致包括比较、归类、分析和综合、抽象和概括六种。

比较

比较是确定观察对象的共同点和差异点的方法。它是根据一定标准，在两种或两种以上有某种联系的事物间，辨别高下、异同。当两个及以上的人站一起、两件及以上物品放在一起的时候，我们自然会注意到它们之间有哪些相同之处，又有哪些不同之处。这种判断两种事物之间共同点与不同点的方法就是比较。

在进行对象之间的比较时，要注意以下两点。

第一，要在同一关系下进行比较。同一关系是指比较双方要具有相关性和相似性，不能拿不能相比的对象来勉强比较。

【案例】

张三说："猴子是动物，因为它会移动，树不是动物，因为它不会移动。而汽车和猴子一样都会动，所以汽车也是动物。"

【分析】

猴子和汽车是不具有相关性和相似性的两种对象，生硬地将它们加以比较没有任何实际意义。

第二，要在事物的实质方面进行比较。

鲸鱼是体型最大的海洋生物，在过去，人们总是认为鲸鱼就是鱼类。随着生物科学的逐渐成熟，生物学家通过比较鲸鱼和其他鱼类，发现了两者之间的差异：鲸鱼是胎生动物，而鱼类都是卵生生物。从这一根本性的差异上，生物学家们得到结论：鲸鱼不是鱼类。

俗话说"没有比较就没有鉴别"，日常思维和日常生活中利用比较来解决问题的情况十分普遍。因为世界上任何事物都是相互联系的，都是在相互对比中存在的，没有哪一种事物是孤立的。没有苦就不会有甜，没有丑就不会有美，没有成绩好，就没有成绩差……在认识事物的时候，如果能将它对立的事物也呈现出来，就能让被认识的事物特点更加突出，对这种事物的认识就会更加深刻；被感知的事物一旦有了比较，就有利于将其特点从背景中分离出来，从而能更好地感知被感知的事物。例如，为了考察学生的学习效果，将文科生与理科生比较、男生与女生比较、本班学生与其他班学生比较、本届学生与往届学生比较、这种教学方法与其他教学方法比较……都是常见的方法。在教学过程中，如果能巧妙地运用比较的方法，也能够起到意想不到的作用。

【练习】

回顾自己在教学活动中，哪些地方使用了比较的方法？使用比较的方法起到了什么积极作用？

归类

归类是根据对象的共同点和差异点，把对象按类别分开来的方法。归类的目的是按照种类、等级或性质置于一定的地方或系列中。

归类是一种方法，也是一种技能。归类能力的强弱在一定程度上反映了一个人逻辑思维能力的强弱。所以，从幼教阶段开始，学校教育就比较注重学生个体归类能力的培养和提升，由此培养和提高学生的逻辑思维能力。在科学研究中，归类的作用更加明显。

【案例】

南美的奥塔斯夜猴曾经被视为单一物种，但一位灵长类动物学家经过研究发现，按照对疟疾的易感性来划分，可以将奥塔斯夜猴分为九个不同的品种。这种分类方式对人类至关重要，因为奥塔斯夜猴是科学家们用来进行疟疾研究的实验性动物，如果没有上述结果的支持，当他们利用一种对疟疾易感性较差的夜猴去检验药物的治疗效果时，很可能会得出错误的结果，进而危及人类的生命安全。

【分析】

案例就是通过归类法，找到了奥塔斯夜猴群体内部对疟疾的易感差异，从而实现了对夜猴的分类。

通过归类，可以使杂乱无章的实物和现象变得更有条理，使材料系统化。例如，教学活动中，我们对历年高考三角函数及解三角形真题归类，对全国各地高考历史试题知识点进行归类，对各科知识点加以归类，等等，都是为了使知识条理化、系统化，从而提升我们分析问题和解决问题的能力。

分析和综合

分析和综合是两种不同的方法。分析是在思想中把对象分解为各个部分分别加以考察，从具体上升到抽象，从个别上升到一般。综合则是把分析所得的对象的各个部分的知识再统一成一个整体加以考察。

【案例】

人体是由骨骼、肌肉和不同的器官组合成的有机整体，每个器官、每个部位都有各自的功能。现代医学根据人体器官和部位的不同，分为肝胆科、心内科、眼科、耳鼻喉科等研究科目，各自研究相对应部位的病理特征。但有的时候，一个器官或一个部位的病理状况可能是由其他部位引起的，比如长期咳嗽不一定是喉部的疾病，可能是由肺部炎症引发，如果不进行全面的诊治，从总体上把握病情，可能就会引起不良后果。

【分析】

案例反映了人体骨骼、肌肉和不同器官之间分析与综合的不同表现及其关系。

分析和综合之间的关系是辩证统一的关系。

第一，分析和综合相互依存、互为前提，没有分析就没有综合，反之亦然。任何综合，都必须以分析为基础，任何分析又必须以综合为指导。

第二，分析和综合相互渗透、相互包含和交叉，即在分析中有综合，综合中有分析，尤其在对复杂事物的认识过程中更是如此。

第三，分析和综合可相互转化。人们认识事物从现象到本质、从不太深刻的本质到更为深刻的本质的过程，表现为分析—综合—再分析—再综合这样相互转化的前进运动。就认识的程度来说，分析与综合在后一层次上的重复总比前一层次要深刻得多。分析与综合的这种辩证关系是辩证思维的特点，也是辩证逻辑方法的表现形式。

总之，分析和综合虽然在认识的方向上相反，但二者又相互联系。分析是综合的基础，正如没有对人体每个部位的分析，就难以综合成一个有机的人体，但分析又依赖于综合，没有一定的综合为指导，分析就无法深入进行。所以，没有综合的分析是片面的分析，没有分析的综合是无根据的综合。

运用分析和综合相统一的方法有两个基本要求。

（1）分析和综合必须有其客观基础。分析和综合的过程不是任意的，而要以客观对象本身的性质、关系及其运动、变化为依据。

（2）对事物进行分析和综合时，必须首先分析其内在矛盾，从中揭示和阐明事物的内在联系和本质。这种对矛盾的分析过程本身就包含着分析和综合这两个方面的内容。分析与综合相统一的方法，也就是矛盾分析的方法。

分析要"分"得合理，"析"得透彻，明确各局部的属性；综合则在各局部属性中建立起有机联系，做到去伪存真，融会贯通，而不是简单地拼凑。分析强调的是事物的局部性和结构性，综合则强调的是事物的整体性和功能性。

在指导学生解题过程中存在着方向相反的两种基本思路，一种思路是把问题分解为若干部分，然后对每一部分进行研究，即所谓的分析。分析法是先把事物分解为各个部分、各个方面和不同特征的过程，然后逐个加以考察的方法。对未知的整体事物，要深刻地认识它、理解它，就要恰当地分解它、简化它。语文阅读教学把一篇文章分解为若干个段落，理解各个段落的意思，从而对整篇文章才能更好地理解。另一方面，综合法是把事物的各个部分、各个方面和不同特征结合起来，以形成一个整体加以考察的方法。综合不是把事物的各个部分简单地拼凑在一起，而是着重于找出其相互联系的规律性。综合归纳文章各段的意思形成对整篇文章中心思想的认识。所有这些，都是分析和综合在教学活动中的灵活运用。

抽象和概括

抽象和概括是指从具体共性的事物中揭示其本质的两种思维活动。抽象是指抽取客观事物的一般的、本质的属性的思维方法。根据前面所介绍的方法，其实就是对抽象方法的应用。概括是指把抽象出来的个别事物的本质属性连接起来，推广到其他同类事物上去，从而归纳出全类事物的共性的思维方法。

【案例】

教育具有许多属性，包括增进知识和技能、传播社会文化、开展实践活动等。但有许多属性是与其他对象共有的，如"增进知识和技能"可以是培训的属性，"传播社会文化"可以是文学或影视的属性。而教育之所以为教育而不是其他，是因为它有一种区别于其他所有活动的属性，即教育是有目的地培养人的社会活动。

【分析】

此例表明，教育的本质属性就是通过对社会上所有教育活动进行梳理，最后抽取到的一个所有教育活动都具有而其他活动不具有的属性。概括则是将抽象所得的关于对象本质的认识再推广到同类其他事物上去的方法。

抽象和概括虽然方法不同，但是紧密联系、不可分割。概括是在抽象的基础上进行的，没有抽象就不能进行概括；抽象中寓有概括，在进行抽象的时候就已经把对象的共同本质推广到同类对象了。

概括又借助于抽象，其目的都是揭示事物本质。在语文写作教学中，抽象、概括能力，是写作必须具备的一种重要能力，不论是记叙文还是议论文，都必须具备这种能力。特别是说理性文章的写作，必须直接阐述作者对客观事物的认识和态度，直接表明作者对问题所持的观点与主张，在内容上具有高度的抽象性与概括性。

使用概括方法应该遵循以下基本原则。

（1）概括须广泛。即从众多的同类事物或人物中选取最有特征的思想、言行、外貌等，集中在一件事或一个人上，使之成为典型形象。

（2）概括要有普遍性。即以一个事物为基础，把同类的其他事物的一些特征补充到这个事物上去，使它更带有普遍性。

（3）概括对象要专一。即专门以一个事物作为概括对象，不抽取其他事物的特性。现实中，特定的某一个别事物往往相当充分地包含同类其他事物的本质特征，不用集中概括，其本身就是一个典型事物，具有普遍性。

【练习】

请对高中文科班和理科班，或中学一年级和毕业班的同学的作息时间、学习现况和心理状态以及对文体活动的看法等方面进行调研，并写出一篇可以提供给学校及其他教育管理部门进行相关决策的综合性报告。

华罗庚摸玻璃球：归纳推理的方法

归纳推理分为完全归纳推理和不完全归纳推理；不完全归纳推理又分为简单枚举归纳推理和科学归纳推理，可用图 6.1 表示。

完全归纳推理

不完全归纳推理

简单枚举归纳推理

科学归纳推理——求因果五法

归纳推理

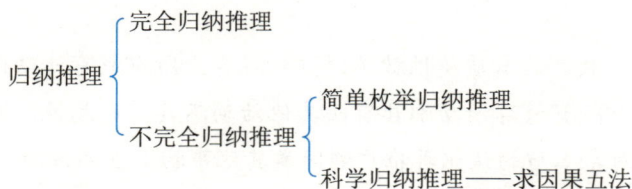

图 6.1　归纳推理分类图

完全归纳推理

完全归纳推理就是根据所研究的某类事物中的每一个对象具有或不具有某种属性，推出该类事物的全部具有或不具有该属性的推理方法。

【案例】

高中部文科班的小王通过对班上的六位任课老师进行采访发现，语文老师已经结婚了，数学老师已经结婚了，英语老师已经结婚了，政治老师已经结婚了，历史老师已经结婚了，地理老师已经结婚了。所以他得出了结论：班上所有任课老师都结婚了。

【分析】

案例对高中部文科班的所有任课老师的婚姻状况都进行了考察，最后得出"班上所有任课老师都结婚了"的结论。这就是一个完全归纳推理。

我们可以将完全归纳推理的推理形式表示为：

S_1 是（不是）P

S_2 是（不是）P

S_3 是（不是）P

…

S_n 是（不是）P

S_1，S_2，S_3，…，S_n 是 S 类的全部对象

所以，所有 S 是（不是）P

从以上介绍可以看到，完全归纳推理的前提是考察了某类事物的全部对象，结论断定的范围没有超出前提，结论具有必然性。

根据完全归纳推理的逻辑特征，完全归纳推理前提中所考察的事物对象，必须是该类事物中的全部对象，不得遗漏。

如果违反上述规则，完全归纳推理就是无效的，就不能保证得出可靠的结论。

由于完全归纳推理是通过考察了一类事物的全部对象的情况后，才得出关于该类事物的整体性结论的，结论所断定的范围没有超出前提所断定的范围，所以，只要前提真实，从前提出发能够必然地推出结论。从这个意义上说，完全归纳推理其实是一种必然性推理，是归纳推理的一种特殊形式，现代逻辑甚至将其归入演绎推理的范畴。不完全归纳推理，特别是其中的简单枚举归纳推理，才是典型的和真正意义上的归纳推理。

【练习】

请举出至少两个完全归纳推理的实例。

不完全归纳推理

不完全归纳推理是根据某类事物中的部分对象具有或不具有某种属性，推出该类事物的全部对象具有或不具有该属性的推理方法。

【案例】

张强的儿子头上有两个旋，脾气很倔，张强的朋友家小孩头上有两个旋，脾气也很倔；张强的大侄子头上有两个旋，脾气同样很倔。因此张强得出结论：头上有两个旋的小孩脾气都很倔。

【分析】

案例通过"张强的儿子""张强的朋友家小孩"和"张强的大侄子""头上有两个旋，脾气很倔"，推论出"头上有两个旋的小孩脾气都很倔"，就是运用了不完全归纳推理。

不完全归纳推理的特点是：前提中只断定了一类事物的部分对象具有或不具有某属性，但结论却断定该类对象全部具有或不具有该属性，结论所断定的范围比前提要大。所以不完全归纳推理的结论是或然的，也就是得到的结果可能为真。根据推理的前提中是否揭示对象与其属性之间的因果关系，可以将不完全归纳推理分为简单枚举归纳推理和科学归纳推理。

简单枚举归纳推理，又叫简单枚举法，就是依据一类事物中的部分对象具有或不具有（重复出现或不出现）某种属性，并且没有遇到反例，进而类推出该类事物的所有对象都具有或不具有（重复出现或不出现）该属性的归纳推理。

【案例】

我国古代劳动人民在生产和生活过程中发现，很多自然现象在发生前，都会伴随一些其他的现象出现。例如，每次下大雨前，都会有蚂蚁集体搬家和蛇到处游走的情况，因此总结出一条谚语："蚂蚁搬家蛇过道，大雨不久就来到"。

【分析】

古人正是通过反复观察发现，大雨来临前都会伴随蚂蚁搬家和蛇游走的现象，所以才有了"蚂蚁搬家蛇过道，大雨不久就来到"的谚语。古代的谚语多是古人通过简单枚举归纳推理得到的。

简单枚举归纳法的推理形式可以表示为：

$$S_1 \text{ 是（不是）P}$$
$$S_2 \text{ 是（不是）P}$$
$$S_3 \text{ 是（不是）P}$$
$$\cdots$$
$$S_n \text{ 是（不是）P}$$

S_1，S_2，S_3，$\cdots$，S_n 是 S 类的部分对象，且没有遇到反例

所以，所有 S 是（不是）P

由于简单枚举归纳推理依据的是一类事物的部分对象具有或不具有（重复出现或不出现）某种属性，没有遇到反例，进而对该类事物所有对象都具有或不具有该属性加以断定，结论的断定范围超出了前提所断定的范围，所以，简单枚举归纳推理的前提和结论之间不具有必然性，是一种或然性推理。

根据简单枚举归纳推理的逻辑特征，要提高简单枚举归纳推理结论的可靠性，需要注意以下两点。

第一，要尽可能多地考察某类事物中的对象，考察的对象越多，漏掉反例的可能性越小，结论的可靠性越大。

第二，要对最可能出现反例的场合重点观察。如果在一些最容易出现反例的情况下都没遇到例外，那么，所得到的结论可靠性就越大。

在进行简单枚举归纳推理时，如果不注意上面的两点要求，粗略考察少量事实后就作出结论，往往会犯"以偏概全"或"轻率概括"的逻辑错误。

【案例】

某学校的后勤负责人在教职工大会上说："现在的'90 后'都怕吃苦，

让我们学校有的年轻教师跑个腿还满腹牢骚。"

【分析】

案例中，学校后勤负责人通过个别情况就草率地得出"'90 后'都怕吃苦"的结论，犯了"以偏概全"或"轻率概括"的错误。

特别值得注意的是，我们在进行简单枚举归纳推理时，虽然暂时没有遇到反例，并不意味着反例不存在，有可能在我们没有考察到的那部分对象中就存在着反例。

在 17 世纪之前，欧洲人通过观察，发现欧洲、亚洲和非洲的天鹅都是白色的，因此断言："所有天鹅都是白色的。"直到澳洲发现黑色天鹅后，欧洲人才认识到，原来生活在澳洲的天鹅有黑色的，他们曾经奉为真理的断言一夜之间就被颠覆了。

从一个袋子中摸出来的第一个是红色玻璃球，第二个是红色玻璃球，甚至第三个、第四个、第五个都是红色玻璃球的时候，我们立刻会猜想："是不是这个袋里全部是红色玻璃球？"但是，当我们有一次摸出一个白色玻璃球的时候，这个猜想就被推翻了。这时，我们又会猜想："是不是袋里全部是玻璃球？"但是，当我们有一次摸出来的是一个木球的时候，这个猜想又被推翻了。此时，我们可能会猜想："是不是袋里的东西都是球？"这个猜想对不对，还必须继续加以检验，要把袋里的东西全部摸出来，才能见个分晓。①

所以，简单枚举归纳推理的结论超出了前提所断定的范围，前提和结论之间的"必然性"还没有得到证明之前，它只能是一个"猜想"。

科学归纳推理是依据某类事物的部分对象与某属性间的因果联系进行科学分析，断定该类事物全部具有或不具有该属性的推理。科学归纳推理又可称为科学归纳法。

【案例】

电被人类发现后，物理学家们观察到：铜能导电，铝能导电，铁能导电。通过研究，物理学家们发现铜、铝、铁的内部存在大量可以自由移动的自由电子，这些自由电子在电场的作用下定向移动而形成电流。而铜、铝、铁都是金属物质，因此得到"所有金属都能导电"的结论。

---

① 华罗庚：《数学归纳法》，上海教育出版社 1963 年版，第 3—4 页。

【分析】

显然，科学家发现金属的导电性正是通过对几种常见的金属进行导电实验，并分析它们之间的因果联系得出的结论。这种实验尽管没有囊括全部的金属，但可以通过几种金属都具有的导电共性推广到所有金属上。

科学归纳推理的形式可以表示为：

S_1 是（不是）P

S_2 是（不是）P

S_3 是（不是）P

…

S_n 是（不是）P

S_1，S_2，S_3，…，S_n 是 S 类的部分对象，且 S 与 P 之间有因果联系

所以，所有 S 是（不是）P

科学归纳推理和简单枚举归纳推理的结论都是或然的。但前者由于考察一类事物的部分对象与其属性之间的因果联系，在归纳中引入了演绎推理的成分，所以，比较而言，科学归纳推理归纳的可靠性要大于简单枚举归纳推理。而且科学归纳推理的前提对象不需要太多，只需考察几个典型事例，就能得到相对可靠的结论。

科学归纳推理的关键之处就是要掌握观察对象与属性之间的因果联系。那么，怎样探求对象与属性之间的因果联系呢？

新鲜水果治疗黑死病：求因果五法

因果联系是客观现象之间存在的一种普遍的、必然的联系，这种联系表现为一个或一些现象的出现，必然是由另一个或另一些现象所导致和引起的；一个或一些现象的出现，又必然导致和引起另一个或另一些现象的出现。其中，导致和引起其他现象出现的现象叫作原因，被导致和引起出现的现象叫作结果。

因果联系是确定的。原因就是原因，结果就是结果，切不可倒果为因，也不可倒因为果，否则就会犯"因果倒置"的逻辑错误。日常生活中，我们发现，讲究穿着打扮的人，生活态度一般比较积极，心态向上。但如果据此认为"讲究穿着打扮"就是"心态积极向上"的原因，那就犯了"因果倒置"的逻辑错误，因为，一般而言，恰恰是由于"心态积极向上"，才比较注意自身形象，"讲究穿着打扮"。

【案例】

一项调查表明，某中学的学生对溜溜球的着迷程度远远超过其他任何游戏；同时调查发现，经常玩溜溜球的学生的学习成绩比其他学生相对更好。由此看来，玩溜溜球可以提高学生的学习成绩。

以下哪项为真，最能削弱上面的推论（　　　）。

A. 溜溜球作为世界上花式最多最难、最具观赏性的手上技巧运动之一，要想玩好必须不断练习，因此能够锻炼学生的毅力，对学习成绩的提高很有帮助。

B. 学习成绩好的人更爱玩溜溜球。

C. 玩溜溜球的同学在学校的有效指导下并没有荒废学业。

D. 学校与学生家长订了协议，如果孩子的学习成绩没有排在前十五名，双方共同禁止学生玩溜溜球。

【分析】

案例中，不是喜欢玩溜溜球的同学成绩才好，而是成绩好的同学才被允许玩溜溜球。所以，题干的结论"玩溜溜球可以提高学生的学习成绩"结论是错误的，犯了"因果倒置"的逻辑错误。选项 D 为真，最能削弱题干的结论。

因果联系具有以下属性。

（1）时间上的先后相继性。所谓时间上先后相继，是指在因果联系中，原因在前，结果在后。因此，应该在事物的先行情况中去寻找原因，在事物的后行情况中去寻找结果。

（2）现象的重复出现性。所谓现象的重复出现，是指在同样的条件下，只要先行情况出现，后行情况就会跟着出现，并且相同的原因一定能出现相同的结果。这就是探求因果联系的归纳法的逻辑根据。

（3）因果关系的复杂性。复杂的因果关系可以表现为一因一果、一因多果、多因一果，以及多因多果等情形，有时需要具体甄别。

【练习】

结合自己的教学内容和实践，分别举例说明因果联系的属性，特别是因果联系的复杂性。

求因果五法是英国哲学家穆勒在弗朗西斯·培根等人归纳方法的基础上，总结出来的探求因果联系的逻辑方法，又称"穆勒五法"。求因果五法包括求同法、求异法、求同求异并用法、共变法和剩余法。

求同法

求同法，又叫契合法，就是指在被研究现象出现的若干情况下，如果只有一种因素是在这些情况中共有的，而其他因素不在这些情况中共有，那么，这个唯一共有的因素就与该现象有因果联系。

【案例】

某个村庄发生了大规模的食物中毒事件，中毒人员普遍反应恶心、头痛、呕吐、食欲不振。镇上马上派遣医护人员来到村中寻找毒源。医护人员经过调查发现，中毒的家庭之间基本没有群体性聚餐现象发生，每户人家食用的菜品也各不相同，也就意味着不是饭菜导致的中毒。经过仔细排查，医护人员发现中毒的家庭成员都在同一口新水井里打水饮用，经过化验，果然是由于井水遭到含砷类灭鼠药污染所致。

【分析】

案例中，医护人员根据中毒人员"没有群体性聚餐现象""食用的菜品也各不相同""中毒的家庭成员都在同一口新水井里打水饮用"，进而发现中毒人员是"由于井水遭到含砷类灭鼠药污染"而中毒的过程，就使用了求同法。

求同法的特点是异中求同，即通过排除现象之间的不同因素，找到共同因素来确定所研究现象的原因（或结果）。

求同法的推理形式可以表示为：

场合	相关情况	被研究对象
（1）	A，B，C	a
（2）	A，D，E	a
（3）	A，F，G	a
…	…	…

所以，A 与 a 具有因果联系

在使用求同法时要注意以下两点。

第一，要观察各种场合中是否还存在其他的共同情况，如果在发现了一个共同情况后，就武断地把它作为被研究对象的因果关系，很可能会忽略尚未被发现的真正因果联系。

第二，考察的场合越多，结论的可靠性越大。如果调查的场合太少，利用求同法很可能将一个不相干的情况当作被观察对象的因果联系，导致推理失败。

【案例】

黑死病是在欧洲中世纪暴发的一场瘟疫。这场瘟疫致使欧洲约三分之一的人口死亡，令人闻之色变。在黑死病发生初期，有人注意到，那些发生黑死病的地区在前期都会有地震、洪水、大火、彗星等现象出现，因此将黑死病归因于过度的干燥、炎热和降水所导致的"空气的腐败"。但后来人们才发现，黑死病其实是一种鼠疫，是人类感染了鼠类生物身上携带的鼠疫耶尔森菌引发的传染病。

【分析】

上述案例就是对求同法的错误运用。虽然地震、洪水、大火和彗星等，是多数黑死病发生地区在早期都会产生的现象，但并不是导致黑死病传播的根本因素，不能将黑死病的成因武断地归咎于所谓"空气的腐败"。

求异法

求异法，又叫差异法，是指在被研究对象出现和不出现的两个场合中，如果只有一个因素不同，其他因素都相同，而且这个不同的因素在被研究对象存在的场合下出现，而在被研究对象不存在的场合下不出现，那么这个唯一不同的因素就与被研究对象之间有因果联系。

【案例】

在大航海时期，发现美洲大陆的哥伦布在率领船员航行的过程中，有不少船员患了坏血病，症状表现为牙齿血流不止，严重者甚至会丧命。当时的医学对此病无计可施。直到 18 世纪，英国的一位叫林特的船医发现，坏血病一般都发生在船员身上，而在船长、船医等人员身上却没有发生。这种特殊情况引起了林特的注意。直到有一天，林特医生为了照顾生病的船员，送他前往船员餐厅用餐时，有了一个重大发现。原来一般船员的伙食只有腌肉和面包，而其他人员则还有苹果、马铃薯和高丽菜可以食用。林特医生据此认为：新鲜的水果蔬菜可以治疗坏血病。为了验证这一结论，他安排了两组坏血病患者，平时的食物一模一样，但有一组患者会额外补充一些橘子汁和蔬菜，结果补充橘子汁和蔬菜的患者有了明显的好转。林特医生因此确定了新鲜水果和蔬菜确实可以治疗坏血病。

【分析】

求异法的特点是同中求异，即通过排除两个场合的多个相同情况，找出相异之处，来确定被研究对象的原因（或结果）。在案例中，林特医生正是根据求异法确定新鲜水果和蔬菜可以治疗坏血病的。

求异法的推理形式可以表示为：

场合	相关情况	被研究对象
（1）	A，B，C	a
（2）	/，B，C	/

所以，A 与 a 具有因果联系

求异法主要运用于科学研究与实验，因为要求在被研究对象的出现和不出现的场合中，只有一个条件不同，其他条件完全相同，自然情况下很难实现，通常只有在人工控制下才能满足。

在使用求异法时，需要注意以下两个条件。

第一，观察两个场合是否还存在其他差异情况。如果有其他差异情况，就不能说明已找到的差异情况就是被观察对象的原因或结果，还需发现真正的因果联系。

第二，两个场合唯一不同情况是否只是被研究对象的部分原因。如果被研究对象是在多种原因下复合产生的，那么，找到的部分原因并不是因果联系的总体，还需探求被研究对象的总体原因。

【案例】

（1）小王近期每次看电影超过半个小时就会后脑胀痛，不看电影时就没有这种情况，他认为是看电影引起的头痛。经医生检查发现，引起他头痛的原因是他最近患近视佩戴了一副眼镜，眼睛还不适应近视眼镜。所以，戴眼镜看电影时间过长头部就会有酸胀感。

（2）光合作用是植物吸收太阳光的光能，把二氧化碳和水合成富能有机物，同时释放氧气的过程。如果没有阳光，光合作用就不能发生。但光照并不是光合作用发生的总体原因，植物处于生长发育的不同状态、二氧化碳的浓度、温度、水浓度等因素都会对光合作用产生影响。

【分析】

在例（1）中，小王将后脑胀痛的原因简单地归结为看电影，而没有发现后脑胀痛正是在他佩戴了近视眼镜之后发生的，这就是采用求异法时没有发现多个差异情况引起的归纳错误。在例（2）中，植物的光合作用成因有许多，因此对植物光合作用进行研究时，不能只看到光照的作用，还要看到几种因素之间的复合关系，否则就会导致错误归纳。

求同求异并用法

求同求异并用法，即在被研究现象出现的若干场合中，如果只有一个共同的因素，而在被研究对象不出现的若干场合中，却没有这个因素，那么这个唯一共同因素就与被研究现象有因果联系。

【案例】

农业科技研究者发现，在种植小麦、水稻、玉米等作物时，需要给土壤施氮肥才能保证作物产量增加、提高作物质量。而种植大豆、豌豆等豆类作物，不仅不需要施氮肥，而作物本身还能提高土壤的含氮量。经过研究发现，这些豆类作物的根部都长有根瘤，而其他作物则没有，于是农业科技研究者得出结论：豆类作物的根瘤能增加土壤含氮量。

【分析】

案例中，农业科技研究者就是通过求同求异并用法得出"豆类作物的根瘤能增加土壤含氮量"这个结论的。

求同求异并用法的特点是两次求同，一次求异，即分为三个步骤：一是将被研究现象出现的场合进行比较，利用求同法得出使得该现象出现的共同因素；二是将被研究对象未出现的场合进行比较，发现第一次得到的共同因素未出现，利用求同法得出没有共同因素则没有被研究对象出现；三是将两组场合进行比较，利用求异法推出找到的共同因素与被研究对象之间具有因果联系。

求同求异并用法的推理模式可以表示为：

场合	相关情况	被研究对象
（1）	A，B，C	a
（2）	A，C，D	a
（3）	A，E，F	a

…	…	…
（1）	/, E, F	/
（2）	/, G, H	/
（3）	/, H, I	/
…	…	…

所以，A 与 a 有因果关系

在运用求同求异并用法时需注意以下两点。

第一，考察被研究对象出现和不出现的场合越多，结论就越可靠。

第二，要选择与被研究对象出现场合较为相似的不出现场合来进行比较，因为不出现被研究对象的场合是无限多的，并不是每个这样的场合都有意义，因此两个场合的相似性越大，得到的结论就越可靠。

【案例】

临床医生发现富人患脚气病的人较多，而穷人患脚气病的却较少。在进一步观察后，他们发现富人的性格、脾气、身体状况、生活习惯等情况各有差异，但有一个共同点，那就是吃细面白面；而穷人虽然也是情况各异，但有一个共同点，即吃的多是含有米糠麸皮的糙米粗粮。于是他们推断，富人易得脚气病是因为饮食中缺乏了米糠麸皮。于是他采用米糠麸皮来治疗脚气病，果然获得了成功。

【分析】

临床医生通过富人和穷人两个群体的饮食差异得到了脚气病的治疗方法，正是对求同求异并用法的巧妙运用。

共变法

共变法是指被研究现象发生变化的场合中，只有一个因素是在发生变化的，其他因素没有变化，那么这个唯一变化的因素，就与被研究对象具有因果联系。

【案例】

医学家在对分离出的某种病毒毒株进行研究时发现，在保持其他条件不变的情况下，随着温度的不断提高，病毒的活性越来越低，当温度上升到56℃时，病毒几近失活。由此，医学家得出结论：该病毒在高温环境下活性会减弱。

【分析】

其他条件不变，只是病毒的活性随温度的升高而不断降低。这就是运用共变法探求因果联系的典型案例。

共变法的推理模式可以表示为：

场合	相关情况	被研究对象
（1）	A_1，B，C	a_1
（2）	A_2，B，C	a_2
（3）	A_3，B，C	a_3
…	…	…

所以，A 与 a 具有因果关系

使用共变法需注意以下两点。

第一，与被研究对象发生共变的情况是否具有唯一性，当存在其他情况也出现共变时，结论就可能出错。

第二，两个现象间的共变有一定的限度，超出该限度就会失去原来的共变关系或出现反向共变关系。

【案例】

在远古的大草原上，生活着一个庞大的羊群和一个狼群，狼经常会捕食羊，使得羊群数量在慢慢减少。为了保护羊，牧民们决定捕猎狼。随着狼数量的下降，羊减少了生存的威胁，开始不断繁衍。于是，牧民们认为，狼越少则羊越多。但随着狼数量不断减少，直至这片草原不再有狼存在后，由于羊数量的激增使得草原不堪重负，最终缺少食物的羊又开始大规模减少。

【分析】

羊和狼之间数量的共变关系就是处在一定限度之中的，适当减少狼的数量会保持狼、羊和草原生态三者之间的平衡，使得羊数量能得到增长，一旦将狼捕杀殆尽，就会使羊的数量急剧扩大，从而威胁草原生态，反而使得缺少食物的羊的数量开始减少。

剩余法

剩余法是已知一复合现象与另一复合现象具有因果联系，并且还知道前一现象中的一部分与后一现象中的一部分之间具有因果联系，由此推出前一现象剩余的部分与后一现象剩余部分之间具有因果联系。

【案例】

1846 年前，天文学家观察到，天王星在其轨道上运行时，有四处发生偏离，他们发现，三处偏离是因为受到了其他已知行星的引力所致，而另一处偏离原因不明。于是，科学家推定，剩下的该处偏离也应是另一未知行星的引力所引起的。根据这一假定，天文学家运用天体力学理论，计算出未知行星的轨道。结果于 1846 年 9 月 18 日，天文学家用望远镜在与计算相差不到一度之处发现了这颗未知行星——海王星。

【分析】

这是一个天文学家运用剩余法发现海王星的成功案例。

剩余法的推理形式可以表示如下：

复合现象（A，B，C，D）与复合现象（a，b，c，d）之间具有因果联系

A 与 a 之间具有因果联系

B 与 b 之间具有因果联系

C 与 c 之间具有因果联系

所以，D 与 d 之间具有因果关系

在运用剩余法时需要注意以下两点。

第一，必须确定复合现象的一部分（A，B，C）与另一复合现象的一部分（a，b，c）之间具有因果联系，而前者的剩余部分（D）与后者的部分（a，b，c）之间不具有因果联系。

第二，复合现象的剩余部分（D）不一定是一个单一情况，还有可能是个复合情况，在这种情况下，必须进行进一步研究，找到剩余部分的全部因果联系。

【案例】

著名科学家居里夫人在研究沥青铀矿石时发现，这些矿石样品的放射性居然比纯铀的放射性还要大。于是，她推断这部分矿石中应该存在其他未被发现的放射性元素。经过多次研究，居里夫人从铀矿石中成功分离出极少量的黑色粉末，她将这种新的放射性元素命名为"钋"。但是，在发现钋后居里夫人又观察到，这份铀矿石产生强放射性的原因并不仅仅是含有钋元素，还有一种放射性更强的未知元素存在其中。后来，居里夫人进一步研究这份铀矿石样本，终于在样本中再次分离出比钋的放射性还强的元素，她将此命名为"镭"。正

由于钋和镭两种新的放射性元素问世，居里夫人荣获 1911 年诺贝尔化学奖。

【分析】

居里夫人就是通过使用剩余法，在铀矿石中发现了强放射性元素，并成功分离出钋，但钋并非引起强放射的唯一因素，强放射性的出现是由钋与镭二者共同导致的。

【练习】

1.试分析下列各例中运用了何种探求因果联系的方法。

（1）压力一定时，受力面积越小，压力越大。

（2）橘生淮南则为橘，生于淮北则为枳。所以然者何？水土异也。

（3）长期生活在又咸又苦的海水中的鱼，它的肉却不是咸的，这是为什么呢？科学家考察了一些生活在海水中的鱼，发现它们虽然在体形、大小、种类等方面不同，但它们的鳃片上都有一种能排盐的特殊构造，叫"氯化物分泌细胞"组织。科学家又考察了一些生活在淡水中的鱼，发现它们虽然也在体形、大小、种类等方面不同，但它们的鳃片上都没有这种"氯化物分泌细胞"组织。由此可见，具有"氯化物分泌细胞"组织是海鱼在海水中长期生活而肉不具有咸味的原因。

2.研究人员发现，免疫系统活性水平较低的人在心理健康测试中得到的分数，比免疫系统活性水平正常或较高的人低。研究人员从这个试验中得出结论：免疫系统既能抵御肉体上的疾病也能抵御心理疾病。以下哪个如果正确，研究人员的结论将得到最有力的削弱？（　　　　）

A.在针对试验性研究的完成与开始之间有一年的间隔时间。

B.人们的免疫系统活性水平没有受到他们服用的药物的影响。

C.免疫系统活性高的人在心理测试方面的得分与免疫系统活性正常的人的得分一样。

D.工作压力大首先导致心理疾病，然后导致正常人的免疫系统活性降低。

3.某学校最近进行了一项有关奖学金对学习效率是否有促进作用的调查，结果表明：获得奖学金的学生比那些没有获得奖学金的学生的学习效率平均要高出 25%。调查的内容包括自习的出勤率、完成作业所需要的平均时间、日平均阅读量等许多指标。这充分说明，奖学金对帮助学生提高学习效率的作用是很明显的。以下哪项如果为真，最能削弱以上论证？

A.获得奖学金通常是因为那些同学有好的学习习惯和高的学习效率。

B. 获得奖学金的同学可以更容易改善学习环境来提高学习效率。

C. 学习效率低的同学通常学习时间长而缺少正常的休息。

D. 对学习效率的高低跟奖学金多少的关系的研究应当采取定量方法进行。

E. 没有获得奖学金的同学普遍觉得学习压力过大，很难提高学习效率。

从以上介绍我们看到，无论是完全归纳推理还是不完全归纳推理，都有一个共同的特点，那就是一种从特殊到一般的推理方法，所得到的结论都是全称判断。这种从弗朗西斯·培根开创到穆勒进行完善的归纳推理方法，我们可以将之称为古典归纳推理。随着逻辑学和数学的发展，尤其是概率学的出现，古典归纳推理已经不能代表归纳推理的全部内容了。现代归纳推理将所有只具有或然性的推理方法，都纳入归纳推理的范畴，归纳推理因此有了更多的内容。接下来，我们介绍几种日常生活中常见的现代归纳推理方法：类比推理、溯因推理和假说演绎推理。

6.2 "像人一样思考"的类脑机：类比推理

类比推理是指根据两个对象在某些属性上相同或相似，通过比较而推断出它们在其他属性上也相同或相似的推理。在数学中，我们对圆与球、等差数列与等比数列都可以采用类比推理的方法研究相关的性质。

【案例】

据外媒报道，英国曼彻斯特大学计算机科学学院"激活"了世界上最大的"大脑"——类脑超级计算机 SpiNNaker，据曼彻斯特大学官网介绍，这台计算机拥有 100 万个处理器内核，每秒可进行 200 万亿次运算，处理信息的方式与人脑类似。这表明，让机器像人脑一样工作已不再是幻想。

SpiNNaker 之所以被称为类脑超级计算机，是因为它在模仿生物大脑处理信息的方式，而且在处理速度和规模上远超同类机型，但在体系结构上与传统意义的计算机有明显不同。传统计算机往往只有 1 个中央处理器（CPU），该 CPU 功能强大，可处理多种任务，但在这种模式下，任务只能被接续处理，即处理完一个，才能处理下一个。但类脑机的原型——生物大脑的工作方式并非如此。据统计，人的大脑中约有 1000 亿个神经元，这些神经元是人脑神经系统最基本的结构和功能单位。每个神经元均可被看成是一个简化版 CPU，其计算功能虽比不上计算机的 CPU，但胜在数量多，且每个神经元均可独立完成任务。简而言之，可以把大脑看成是由多个同时运转的 CPU 组成的机器，其具有高效的多任务信息处理能力。那么，类脑机如何模仿生物大脑中神经元之间的信息交换和处理过程呢？

大脑中每个神经元通过数千个神经突触与其他神经元连接，构成可感知、综合处理、反馈信息的神经网络系统。感知到外界信号后，上游神经元可将信号以神经脉冲的形式"发送"给多个下游神经元，下游神经元再将这一脉冲信号传递给更多的神经元。这些神经脉冲信号在神经元之间的传递过程实际上就是大脑处理信息的过程。

类脑机通过大规模神经形态芯片模拟生物神经网络，每块芯片上都集成了大量电子或光子神经元和突触阵列。与生物神经元不同，电子版神经元的连接状态可通过软件实现。类脑机处理信息也采用传递神经脉冲信号的方式进行，只是通常不是直接采用生物神经网络的连接模式，而是采用路由交换的方式，提高灵活性。一种典型的做法是将脉冲信号打包，然后利用包裹上的"投递地址"等信息实现面向下游神经元的精准投递；待下游神经元收到大量的信息包，而后根据自身的处理特性生成新的脉冲，再将信息"投递"出去，周而往复。当这种类脑机的计算精度达到一定程度后，就能产生仅生物大脑才具有的某些功能，甚至可能出现"灵感涌现"等高级智能。

据此，有部分专家认为，装有类脑机的机器人可能在功能上与真人无异，会思考、判断、学习，能够提供更贴心的服务，并代替人从事高智力工作，极大地提高工作效率，促进社会经济发展。

【分析】

案例从类脑机与人脑在信息处理方法上的类似性，推导出在类脑机技术成熟后，装有类脑机的机器人可以完成与真人无异的智力劳动……

上述案例中，有网友提出：如果类脑机广泛应用，那人会不会被这种机器完全取代呢？有专家指出，虽然类脑机在很多方面与人脑的神经元系统有相似性，但目前类脑机研究仍处在起步阶段，其学习、创造能力还远不如人脑，同时，类脑机的普及主要用于大量减少人类重复性的工作，但其也会成为人类创新灵感的来源之一。

类比推理的推理形式可以表示如下：

> 对象 A 和对象 B 都具有属性 a，b，c，d，e，f
>
> 对象 A 还具有属性 g
> _____
>
> 所以，对象 B 也具有属性 g

要提高类比推理的可靠性，需要注意以下两点。

第一，前提中提供的两个对象的相同或相似属性越多，它们的类别就越相近，结论可靠性越大，但如果给出的相同或相似属性过多，进行类比的意义就越小。

第二，前提中提供的相同或相似属性与类推属性之间的关系越密切、越本质，结论的可靠性越大。也就是说，前提属性与类推属性之间要具有本质联系，否则很容易犯"机械类比"的错误。

【案例】

大李的父亲想让他去学习举重，对他说："你看大刘练举重就练得挺好，他两只胳膊两条腿，你也两只胳膊两条腿，你肯定也能练好！"

【分析】

这里，大李的父亲就犯了"机械类比"的逻辑错误。

类比推理对探究和发现有重要意义，但其结论是否成立，需要进一步验证。

【练习】

春秋战国时期，鲁国的鲁班有一次前往树林中伐木，一不小心被一株齿形的茅草割破了手指，却由此发明了锯。

请思考鲁班发明锯的推理过程。

6.3　糖醋排骨变咸排骨：溯因推理

溯因推理是从结果出发，运用一般性规律来推测引起该结果发生原因的推理方法。溯因推理具有推测的特征，因而具有多元试错性以及推论的或然性。

【案例】

（1）小袁在家尝试做糖醋排骨，起锅后她的儿子赶快尝了一口，对她说：“妈妈，好咸啊！就像吃了一口盐一样。”小袁表示自己完全按照菜谱来做的，不可能会咸。后来，小袁猜测，可能是自己错把盐当作糖放进菜里了。

（2）我们在清晨观察到马路是湿的，于是猜测，这一现象发生的原因是晚上下过雨。如果晚上下过雨，那么我们会得到一个推论：马路是湿的。我们观察到马路确实是湿的，因此晚上下过雨的可能性比较大。

【分析】

例（1）从糖醋排骨很咸，猜测是错把盐当作糖放进锅里了，例（2）从马路湿推出下过雨，这都使用了溯因推理。

溯因推理就是对一个充分条件假言判断肯定后件，以此肯定前件的推理方法。如果用字母“e”表示已知的结果，用字母“h”表示根据一般性规则推测出的原因，那么溯因推理的推理形式可以表示为：

$$\frac{e}{\text{如果 } h\text{，那么 } e}$$
$$h$$

从溯因推理可以看出，由观察现象到原因的猜测推导，既不同于演绎方法，也不同于归纳方法，而是一种独立的沿着现象的特征往回追溯产生该现象之原因的方法。同时，运用溯因方法去猜测现象的机理，受逻辑规则制约的程度小，因而灵活性程度较大，它是一种具有创造性的方法。

通过对假言判断及其推理的了解，我们知道，在充分条件假言推理中肯定后件并不能必然肯定前件。从逻辑结构上看，它是从肯定充分条件假言判断的后件到肯定该假言判断的前件，即 e，如果 h，则 e，所以 h。在这里，“如果 h，则 e”是一个充分条件假言判断，它断定了 h 是 e 存在的充分条件，即“有 h 必有 e，无 h 未必无 e”，因此，e 存在时 h 不一定存在。

例如，如果某人发高烧，则他患病；但当某人患病时，他不一定发高烧。这样，由现象 e 的存在来推测 h 的成立，是不具有必然性的。因果联系是复杂多样的，有时候一种结果产生的原因有多种，所以，利用溯因推理推测的原因只能是或然的或是猜测性的。

如果要提高溯因推理结论的可靠性，就需要尽可能多地猜测可能引起结果的各种原因，再逐个检验试错之后，最终找出事件发生的真正原因。

【案例】

晚上，莉莉家的客厅灯突然灭了。

莉莉："爸爸，灯怎么灭了？"

爸爸："你看看是不是停电了。"

莉莉："不是，电视还开着呢！"

爸爸："那可能是照明线路跳闸了。"

莉莉："爸爸，我刚刚看了，照明线路没有跳闸。"

爸爸："那估计是灯管坏了，你去阳台拿个新灯管，我来换了它。"

【分析】

上面的案例就是通过反复的验证试错后，推测灯管坏了是导致灯灭的原因。这样的溯因推理方法可以用公式表示为：

$$e$$
$$如果\ h_1\ 或\ h_2\ 或\ h_3 \cdots 或\ h_n，那么\ e$$
$$并非\ h_1$$
$$并非\ h_2$$
$$并非\ h_3$$
$$\cdots$$
$$\overline{\qquad\qquad\qquad\qquad\qquad\qquad\qquad}$$
$$h_n$$

【练习】

假设学生某甲上课喜欢睡觉，但每次考试成绩却名列前茅。请利用溯因推理的方法判断引起这一现象的原因。

6.4　苹果砸了牛顿的头：假说演绎推理

假说演绎推理又称为假说演绎法，是指在观察和分析基础上提出问题以后，通过推理和想象提出解释问题的假说，根据假说进行演绎推理，再通过实验检验演绎推理的结论。如果实验结果与预期结论相符，就证明假说是正确的，反之，则说明假说是错误的。这是现代科学研究中常用的一种科学方法。

【案例】

1666 年秋天的一个傍晚，牛顿坐在花园的苹果树下，正在思考问题，忽然一个熟透的苹果掉了下来，正好砸在牛顿的头上，这只苹果引起了牛顿的注意。他想，苹果为什么不向天上飞，也不向前后左右落，而偏偏垂直地砸在他的头上呢？他因此作出了一个假说：地球上存在某种力在吸引它。根据这个假说，牛顿开始了对地球引力的研究与探索，最终提出了万有引力定律。

【分析】

案例表明，牛顿运用假说演绎推理，对地球引力进行探索和研究，提出了万有引力定律。

如果将对已知事物的解释或未知事物的预测用字母"e"来表示，将提出或论证所依据的假说用字母"h"来表示，假说演绎推理可以表示为：

$$\frac{如果\ h，那么\ e}{h}\ e$$

我们看到，假说演绎推理的推理模式与溯因推理非常相似。假说演绎推理是在溯因推理的基础上进行的。通过溯因推理，在已知的事实 e 和科学原理（如果 h，那么 e）的基础上推测出结论（假说）h 以后，要确定这个假说（结论）的可靠性，就需要从假说 h 得到确证。因此，可以说溯因推理是一种发现（假说）的方法，假说演绎推理则是一种验证（假说）的方法。

假说演绎推理的前提和结论之间的联系是或然的。通过一系列真实的现象得出的假说在后续的研究中与预期结论可能相符，证明假说是正确的，也可能与预期结论不相符，证明假说不正确。

【案例】

19 世纪 40 年代，科学家通过经典力学分析天王星的"异常"运行后发现了海王星。在 19 世纪末，天文学家通过观察海王星，发现它的运行和之前的天王星一样存在"异常"，并以此推测存在其他的行星对海王星造成了引力影响。终于，在1930年，科学家汤博发现了新的行星——冥王星。一直以来，冥王星都被视为太阳系第九大行星。后来，天文学家们发现，冥王星的质量实在太小了，甚至比不上地球的卫星——月球，所以在2006年，国际天文联合会正式决定将冥王星降格为矮行星，不再列入大行星之列。至此，太阳系只剩八大行星。

【分析】

科学家运用假说演绎推理发现的冥王星与其作为太阳系的九大行星的结论不符，证明假说为假。

为了提高假说演绎推理结论的可靠性，必须注意以下三点。

第一，以假说为前提能够演绎出的事实越多，该假说就越可靠。

第二，以假说为前提能够预测出的未知事实越多，且这些未知事实在后来都被确证，则该假说的可靠性越强。

第三，在前提中用以确证假说的经验事实具有严格性，则假说的可靠性越强。

【练习】

（1）举例说明假说演绎推理与溯因推理的异同。

（2）结合教学实践，想想有没有不自觉地使用过假说演绎推理与溯因推理的实例。

第7章

奸猾的蝙蝠
——逻辑的基本规律

📖【导读】

　　逻辑学习就是逻辑规则和逻辑规律的学习。本章通过同一律、矛盾律和排中律这三条逻辑基本规律的介绍，让我们在思维活动中，在语言表达时敬畏和遵守这些规律，避免触犯各种逻辑错误。在学习这些逻辑基本规律时，最主要的是要把握每条规律的内涵或本质特征、表达形式、逻辑要求和违反这些规则所犯的逻辑错误。并在此基础上进一步厘清这三条规律之间的关系。

📖【关键词】

　　逻辑基本规律　同一律　混淆概念　偷换概念　混淆论题　偷换论题
矛盾律　自相矛盾　悖论　排中律　模棱两可　两不可　复杂问语

　　前面介绍了概念、判断和推理的基本知识。为了实现明确概念、恰当判断和有效推理的目标，需要遵守各自特定的规律和规则。如，定义要遵守"定义项和被定义项之间必须具有全同关系"的规则；换位法要遵守"在前提中不周延的项在结论中也不得周延"的规则；三段论要遵守"中项在前提中至少要周延一次"的规则；充分条件假言三段论要遵守"肯定前件就要肯定后件"的规则，等等，否则，就会犯相应的逻辑错误。现在，如果我们要进一步探究各种各样的思维形式与方法有没有共同遵守的规律和规则时，就自然而然地要转入对逻辑基本规律的了解与把握。

　　什么是逻辑的基本规律呢？简单地说，所谓逻辑的基本规律，就是指概念、判断和推理等思维形式与方法普遍应遵守的，保证思维形式正确的最起码的规律。

【案例】

　　据《坚瓠续集》记载：凤凰是百鸟的领袖。适逢凤凰生日，百鸟都去祝寿，只有蝙蝠没有去。事后凤凰责问蝙蝠："别的鸟都来了，你为什么不来？"蝙蝠说："我有脚，能走，是兽，不属于你管的，所以我就不必去祝寿。"接着是麒麟的生日，百兽都去祝寿，蝙蝠还是没有去。事后麒麟也责问蝙蝠："别的兽都来了，你为什么不来呢？"蝙蝠回答说："我有翼，能飞，是鸟，不属于你所管的，所以我没有去祝寿。"有一天，凤凰和麒麟会了面，说起蝙蝠的事情，大家都叹了一口气，说："蝙蝠可真是世界上最奸猾的东西了!"

【分析】

这是一个违背逻辑规律的典型例子。"我是兽不是鸟"和"我是鸟不是兽"，二者前后"打脸"，自相矛盾。

逻辑基本规律是各种思维形式规律、规则的概括和总结，在一切思维形式与方法中起着普遍作用、具有普遍意义的思维准则，而前述各种具体的思维形式与方法各自遵守的规律和规则，只是这些基本规律的具体化，不具有普遍意义。所以，这些规律被称作逻辑的基本规律。

逻辑的基本规律是对客观对象确定性的反映，是人类对思维确定性的概括和体现。这些规律反过来又对人们的思维具有规范性，是逻辑思维必须遵守的基本准则，是思维正确性的必要条件。

逻辑的基本规律包括同一律、矛盾律和排中律。

7.1　爱因斯坦的大衣：同一律

同一律是指在同一思维过程中，每一种思想同它自身必须保持同一性。如果它反映某个对象，那它就反映这个对象，如果它不反映某个对象，那它就不反映这个对象；如果它是真的，那就是真的，如果它是假的，那就是假的。

同一律的含义可以用重言式表示为：

$$A \rightarrow A$$

这里的 A 表示同一思维过程中的任一思想；"$A \rightarrow A$"表示在同一思维过程中，任一思想与其自身都应具有同一性，都应该保持统一。

一句话，符合事实就是真的，不符合事实就是假的。法院以事实为依据，以法律为准绳，认定被告犯了罪就犯了罪，没有犯罪就没有犯罪；该判处什么徒刑就判处什么徒刑，不该判处什么徒刑就不判处什么徒刑。从思维形式上就是遵守了同一律，合乎同一律的要求。

就概念而言，同一律要求在同一思维过程中，即在同一时间、对同一对象、在同一关系下，必须在同一种意义下来使用概念，要使概念的内涵和外延保持确定性。前面所讲的定义项和被定义项、划分的母项和子项保持同一性，在前提中不周延的项在结论中也不得周延，等等，都是同一律的具体化。违反同一律的要求就会犯"混淆概念""偷换概念"的错误。

【案例】

（1）有人说："群众是真正的英雄，我是群众，所以，我也是真正的英雄。"

（2）自习时间，老师批评一名学生看一本内容不健康的书。这名学生却理直气壮地说："书是人类进步的阶梯。我这本书难道不是书吗？怎么不健康了呢？"

（3）有一天，诗人有事外出，半夜时分才回家。进院后，他把柴门关好，就朝房间走去。这时他的老婆还没睡着，就问："你是谁？"他答应着走进房间，觉得这意境不错，一时诗兴大发，写下了如下一首诗：

半夜三更子时归，关门闭户掩柴扉。

老婆贱内妻子问，何人哪位你是谁？

【分析】

例（1）中，"群众是真正的英雄"这句话中的"群众"是一个集合概念，而"我是群众"这句话中的"群众"是一个非集合概念。说话者把两个相同语词、表达概念不同的"群众"加以混淆，违反了同一律，犯了"混淆概念"的逻辑错误。

例（2）中，学生将"书是人类进步的阶梯"这句话中的"书"这个集合概念，偷换成"这本书是书"中的"书"这个非集合概念，强词夺理，犯了"偷换概念"的逻辑错误。

例（3）这首诗虽然败在他的用词重复多余上，但从逻辑上讲，用不同的语词表达同一个概念，却可以成为遵守同一律的"佳话"。

【思考】

请对下列情境中乘客的对话进行评论。

公交车上，许多人正往车上拥。

突然，"哗啦"一声，一块玻璃被一个人碰碎了。

售票员冲着那个人大声喊道："依次上车嘛！挤什么挤？玻璃碎了，要照价赔偿！"

乘客反问道："要我赔什么？"

售票员说："损坏人民财产，难道不该赔吗？"

乘客理直气壮地说："我是人民的一员，人民的财产有我的一份，我那份，不要了，还赔什么？"

售票员一时语塞。

就判断和推理而言，同一律要求在同一思维过程中，即在同一时间、对同一对象、在同一关系下，必须在同一种意义下来使用判断，断定什么就断定什么，是真的就是真的；从前提出发，能推出什么结论，就推出什么结论，前后要保持一致。违反同一律的要求就会犯"混淆论题""偷换论题"的逻辑错误。

【案例】

（1）被举报人已经犯了贪污罪，我要举报他。第一，被告开支较大，收支悬殊，经济来源可疑；第二，被举报人经常一个人在门市部做营业工作，贪污货款有极为方便的条件；第三，被举报人经常发牢骚，嫌自己工资太低。所以，被举报人完全可能犯贪污罪。

（2）著名生物学家达尔文经过 20 多年辛勤研究，提出了生物进化学说，指出人类是由猿类进化而来的。但大主教威尔伯福斯争辩说："既然人是由猿猴变来的，到底是从祖母那里变来的，还是从祖父那里变来的？"

【分析】

例（1）中，举报人将"已经犯了贪污罪"和"完全可能犯贪污罪"这两个判断混淆或转移，违反了同一律，犯了"混淆论题"或"转移论题"的错误。

例（2）中，大主教威尔伯福斯将"人类是由猿猴进化而来的"偷换成"人是由猿猴变来的"，这就违反了同一律，犯了"偷换论题"的逻辑错误。

同一律的适用范围是有限制的，对思维的规范和制约是有条件的。如果时间不同了，对象变了，关系更改了，同一律就不能发挥作用了。

【思考】

（1）有一天，爱因斯坦在纽约的街道上遇见一位朋友。

"爱因斯坦先生，你似乎有必要添置一件新大衣了。瞧，你身上穿的这件已经旧了！"这位朋友说。

"这有什么关系？在纽约谁也不认识我。"爱因斯坦回答说。

数年后，爱因斯坦和这位朋友又在纽约的街道上偶然相遇了。这时，爱因斯坦已成为著名的物理学家了，但仍然穿着那件旧大衣。这位朋友又劝他换一件新大衣。

"何必呢！"他回答说："现在，这里每一个人都认识我了。"

试想：爱因斯坦的前后回答是否违反同一律的要求？

（2）有个同学在校园里随便吐痰，乱扔垃圾。值日同学前去劝阻，批评他不讲卫生，不讲文明，指出他违反了学校卫生管理条例的有关规定。

哪知这位同学却狡辩道："我怎么不讲卫生？我比你干净得多。再说，没人扔垃圾，还打扫卫生干啥？"

请问：这位同学的狡辩错在哪里？

7.2 "以子之矛，陷子之盾"：矛盾律

如果说同一律是从正面保证思维的确定性，矛盾律就是从反面保证思维的确定性。

所谓矛盾律，也称不矛盾律，就是指在同一思维过程中，两个互相矛盾或反对的思想不能同时为真，也就是说，其中必有一假。如果 A 为真，则 ¬A 就为假；如果 ¬A 为真，则 A 为假。

矛盾律的思想可以用重言式表示为：

$$¬（A∧¬A）$$

这里的 A 表示同一思维过程中的任一思想；"¬（A∧¬A）"表示两个相反（矛盾或反对）的思想，不能同时为真，也就是说，其中必然有一个为假。

【案例】

楚人有鬻盾与矛者，誉之曰："吾盾之坚，物莫能陷也。"又誉其曰："吾矛之利，于物无不陷也。"或曰："以子之矛，陷子之盾，何如？"其人弗能应也。夫不可陷之盾与无不陷之矛，不可同世而立。[①]

【分析】

这个故事可能是中国贡献给世界逻辑学最经典的矛盾律案例。

案例中，楚人的话里实际上同时肯定了两个相互矛盾的判断，即同时肯定"任何物（包括我的矛）都不能刺穿我的盾"和"任何物（包括我的矛）能刺

---

① 《韩非子·难一》。

穿我的盾"，或者说"任何物（包括我的盾）都能被我的矛刺穿"和"任何物（包括我的盾）不能被我的矛刺穿"这两个互相矛盾的判断。按照矛盾律的要求，这两者不可能同时为真，其中必有一假。楚人的话就是典型的自相矛盾。

根据矛盾律的要求，在同一思维过程中，思维应当首尾一贯，不能出尔反尔，自相矛盾。毛泽东指出："写文章要讲逻辑。就是要注意整篇文章、整篇讲话的结构，开头、中间、尾巴要有一种关系，要有一种内部的联系，不要互相冲突。"① 这里的"不要互相冲突"就是不要自相矛盾。其实，想问题如此，讲话如此，写文章如此，做事情都应该如此。

矛盾律对明确概念的要求，就是在同一思维过程中，不能用两个互相矛盾的概念或互相反对的概念指称同一个对象。

【案例】

很小的时候，有人教我几句"顺口溜"：

就在一个黄昏的早晨，

走来一位年轻的老人；

手拿一把锋利的钝刀，

杀死一个亲爱的仇人。

【分析】

这段"顺口溜"，每一句话都"故意"用两个具有矛盾关系或反对关系的概念指称同一个对象，成为自相矛盾的经典"笑话"和反面教材。

就判断而言，不能用两个互相矛盾或互相反对的判断陈述同一对象（事件），不能既断定某对象是什么（某事件怎么样），又断定某对象不是什么（某事件不怎么样）。违反矛盾律的要求，就会犯"自相矛盾"的错误。

【案例】

（1）在这座教管所里，所有少年犯罪都与其家庭的教养有直接关系，但有的少年犯罪与其家庭教养又没有直接关系。

（2）公诉人称，根据调查核实，被告与原告是自由恋爱的夫妻，但婚后两年以来，被告经常对其妻拳打脚踢，致使原告多次多处受伤。在法庭调查中，

---

① 《毛泽东选集》第 5 卷，人民出版社 1991 年版，第 217 页。

公诉人指出，原告尽管无奈于父母对其婚姻的包办，但婚后一直对被告倾注感情，希望丈夫对她关心爱护。

【分析】

这就是两个自相矛盾的例子。例（1）断定在这座教管所里，"所有少年犯罪都与其家庭教养有直接关系"同时又断定"有的少年犯罪与其家庭教养没有直接关系"，即同时断定 A 判断和 O 判断为真，违反矛盾律的要求。例（2）中，公诉人一方面称"被告与原告是自由恋爱的夫妻"，另一方面又指出"原告无奈于父母对其婚姻的包办"。"自由恋爱"和"父母包办"，互相矛盾，二者不可能同真，其中必有一假，不能自圆其说。

当然，矛盾律对思维的规范作用也是有条件的。和同一律一样，矛盾律是在同一思维过程中起作用的，如果离开了同一思维过程，或者在辩证思维过程中，矛盾律对思维的规范和制约就会失去作用。

【案例】

（1）诗人臧克家为纪念鲁迅先生曾写过一首诗：

有的人活着，

他已经死了；

有的人死了，

他还活着。

（2）恩格斯在《反杜林论》一书中指出："运动本身就是矛盾；甚至简单的机械的位移之所以能够实现，也只是因为物体在同一瞬间既在一个地方又在另一个地方，既在同一个地方又不在同一个地方。这种矛盾的连续产生和同时解决正好就是运动。"①

【分析】

这两个案例充分说明，逻辑上所说的自相矛盾是有条件的，和哲学上的辩证矛盾是两个完全不同的概念，不能混为一谈。我们既要避免逻辑矛盾，又要坚持矛盾的观点和矛盾分析的方法；既要保证思维的确定性，又要避免思维僵化。

有一种特殊的逻辑矛盾叫作悖论。它由一个判断的真推出该判断为假；由

---

① 《马克思恩格斯选集》第 3 卷，人民出版社 1995 年版，第 160 页。

一个判断的假推出另一个判断的真。即：

$$A \rightarrow \overline{A} \text{ 或 } \overline{A} \rightarrow A$$

这就显示悖论是违反逻辑规律的逻辑矛盾。

【案例】

（1）公元前 6 世纪，克利特哲学家埃庇米尼得斯说了一句很有名的话："所有克利特人都说谎。"

（2）在萨维尔村，理发师挂出一块招牌："我只给村里所有那些不给自己理发的人理发。"有人问他："你给不给自己理发？"理发师顿时无言以对。

【分析】

例（1）是一个经典的"说谎者悖论"。如果埃庇米尼得斯的话为真，那么克利特人就都是说谎者，身为克利特人之一的埃庇米尼得斯自然也不例外，于是他所说的这句话应为谎言，但这跟先前假设此言为真相矛盾。又假设埃庇米尼得斯的话为假，那么也就是说所有克利特人都不说谎，自己也是克利特人的埃庇米尼得斯就不是在说谎，就是说这句话是真的，但如果这句话是真的，又会产生矛盾。这是一个困扰人类几千年，挑战人类智慧几千年的表面自相矛盾的逻辑悖论。

例（2）中，为什么理发师会无言以对？因为其中包含一个矛盾推理：如果理发师不给自己理发，他就属于招牌上的那一类人，他应该给自己理发。反之，如果这个理发师给自己理发，根据招牌所言，他只给村中不给自己理发的人理发，他就不能给自己理发。

因此，无论这个理发师怎么回答，都不能排除其中包含的内在的矛盾。这是罗素集合论悖论的通俗的、有故事情节的表述。

悖论的特征是，从真实性难以怀疑的前提，合乎逻辑地引出矛盾的结论。[①]

---

① 对于悖论的本质，学界存在不同意见。第一，悖论涉及的是逻辑矛盾，必须排除；第二，悖论涉及的是辩证矛盾；第三，悖论涉及的是不同于逻辑矛盾和辩证矛盾的思维矛盾。

关于悖论的成因，学界也存在各种意见：有的认为是语言的自我指涉；有的认为是混淆语言的不同层次；有的认为是现实矛盾在思维中的反映。

古今中外有不少著名的逻辑悖论，它们甚至动摇了逻辑和数学的基础，激发了人们求知和精密的思考，吸引了古往今来许多数学家、逻辑学家、哲学家及其他思想家和爱好者的兴趣和注意力。随着科学的快速发展，还会有不少新的悖论大量涌现，人们在孜孜不倦地探索，预计他们的成果将极大地改变我们的思维观念。

悖论是对人类日常思维的挑战，是对逻辑学的挑战。对悖论的研究，推动逻辑学、数学、哲学等学科理论的发展。正如英国学者所言："悖论在知识的历史中已经起到了极其重要的作用，它常常预示着科学、数学和逻辑学的革命性发展。在任一领域，每当（由于悖论出现）人们发现某一问题不能在已有框架下得到解决时，就会感到震惊，而这种震惊将促使我们放弃旧的框架，采用新的框架。正是这样一种知识融合的过程，才使数学和科学中诸多重要观念得以诞生。"[1]

7.3 大臣吞下生死签：排中律

排中律是指在同一思维过程中，两个互相矛盾的思想，不能同时为假，其中必有一真。如果 A 为假，则 $\overline{A}$ 为真；如果 $\overline{A}$ 为假，则 A 为真。排中律从另一个侧面保证思维的一致性和确定性。排中律的含义可以用重言式表示为：

$$A \vee \overline{A}$$

这里的 A 表示同一思维过程中的任一思想（概念或判断），"$A \vee \overline{A}$"表示两个互相矛盾的思想之间具有相容选言关系，即至少有一个为真，不能两个同时为假。

【案例】

（1）本案被告不是有罪就是无罪，不是无罪就是有罪。

（2）从前，在某个国家有这样一个习俗，每个被判处死刑的犯人，在处死前要抽一次签，这是他起死回生的最后一次希望。

做法是这样的：在一个小匣子里放有两张纸签，一张上写着"生"，另一张上写着"死"。如果从中抽出的是写着"生"的一张，那么他就获得了赦免；如果抽出的是写着"死"的纸签，那他就要被处死。

国王手下有两个水火不容的大臣：甲大臣总想把乙大臣害死。于是甲经常在国王面前讲乙很多坏话，编造了一大堆乙的罪行。时间一长，国王也就偏听偏信，决定用抽签的办法来处理乙。甲一不做二不休，决定彻底堵死乙的最后

---

① J.巴罗：《不论：科学的极限与极限的科学》，上海科技出版社 2000 年版，第 18 页。

一条生路。

在抽签的前一天夜里，甲逼着做签的人，要他把两个签都写成"死"签，这样，乙无论抽到哪一张，都难免一死。甲以为这样定计，万无一失。但做签的人偷偷地给乙送信，告诉他这一情况。

第二天早上，当国王命令乙抽签时，乙毫不犹豫地抽出一签，马上就把纸签毁掉。国王不知道他毁掉的是什么签，就只能从匣子里取出剩下的那张签，上面写着"死"。

结果国王只好让乙活下去了。

【分析】

例（1）中，"有罪"与"无罪"具有矛盾关系，它们不可能同时不成立，其中必有一种情况成立，必然选择其中之一。例（2）中，"生"和"死"具有矛盾关系，它们不可能同时不成立。按照规定，乙必须在"生"签与"死"签中选择其中之一。国王之所以让乙活下去，是因为他认为乙抽取（吞下）的不是"生"签，就是"死"签，既然"死"签还在，那么乙抽取（吞下）的肯定是"生"签。甲为了害死乙，将两个签都制成"死"签，结果却弄巧成拙，适得其反。

根据排中律的要求，在同一思维过程中，对两个互相矛盾的思想（概念或判断）必须作出明确选择，承认其中之一为真，不能含糊其辞，骑墙居中。违反排中律的要求，就会犯"两不可"或"模棱两可"的逻辑错误。

【练习】

（1）教研活动总结会上，有老师说："这种教学方法有人认为可行，有人认为不可行。我个人不认为可行，也不认为不可行，我主张顺其自然。"

（2）学校有个教工经常违反劳动纪律，领导讨论对他的处理问题。领导甲主张正面教育，领导乙主张给予处分。甲乙两人争执不下，征求丙的意见。

丙说："动不动就给人处分，这不好吧！"

甲问："你同意不给处分？"

丙又说："我也不同意不给他处分，对这种违反纪律的人不处分是不行的。"

（3）校领导讨论选派出国进修人选时，有两种不同意见：

有人认为，如果选派甲，那就不选派乙。

另有人则提议："既选派甲又选派乙。"

校长最后说："这两种意见都不对，我主张选派丙。"

请对以上案例加以分析。

排中律应用的条件是时间相同、对象相同、关系相同。如果时间变了，对象不同了，关系也更改了，排中律就起不到规范和制约人们思维的作用。

此外，排中律只适用于两个具有矛盾关系的选择，如果对象之间不是相互矛盾的关系，即使不作选择，也不违反排中律的要求。

以下几点需要特别加以说明：

第一，有人认为逻辑的基本规律除了同一律、矛盾律、排中律外，还应包括充足理由律。我们认为，充足理由律只是关于论证的规律，不宜与"逻辑三律"并列作为逻辑基本规律来讨论。

第二，我国现行的一些《逻辑学》教材或专著在讲述逻辑基本规律时，把矛盾律表述为"两个互相矛盾和反对的判断，不能同时为真"，把排中律表述为"两个互相矛盾的判断，不能同时为假"；在讲述逻辑基本规律的要求时，只讲对推理和论证的要求等，这是值得商榷的。因为逻辑基本规律不仅是判断（命题）和推理的规律，也是关于概念的规律，它不仅适用于判断（命题）和推理，同时也适用于概念。

第三，作为逻辑的基本规律，同一律、矛盾律、排中律从三个不同的方面保证思维的确定性和一致性，是分别对人们提出的思维活动（形成概念、进行判断、推理或论证等）确定性、一致性的要求。

从它们的表达公式看，$A \rightarrow A$、$\overline{A \wedge \overline{A}}$、$A \vee \overline{A}$ 的真值形式明显不同，但稍加转换，我们就可以看到：

根据蕴析律，同一律的公式 $A \rightarrow A$ 可转换为 $\overline{A} \vee A$，即 $A \rightarrow A \leftrightarrow \overline{A} \vee A$。

根据德·摩根律，矛盾律的公式 $\neg (A \wedge \overline{A})$ 可转换为 $\overline{A} \vee A$，即 $\overline{(A \wedge \overline{A})} \leftrightarrow \overline{A} \vee A$。

根据交换律，排中律的公式 $A \vee \overline{A}$ 可转换为 $\overline{A} \vee A$，即 $A \vee \overline{A} \leftrightarrow \overline{A} \vee A$。

可见，"逻辑三律"的真值形式都等值于"$\overline{A} \vee A$"，这就说明它们都是从不同的方面保证思想的确定性和一致性。

第 8 章

智慧和理性之光
——非形式逻辑：批判性思维

【导读】

批判性思维是需要发扬光大的智慧和理性之光。本章首先介绍批判性思维与逻辑思维、批判性思维与论证之间的关系。在此基础上，配以大量案例及分析，透过批判性思维对论证进行的检验证据、考察推理、识别谬误、挖掘前提和质疑争论等一系列的"批判"功夫，使我们能轻松掌握批判性思维的技能，为我们的实际思维服务。作为本书的最后一章，我们还可以再次回顾前面所讲到的一些精彩内容，起到前后呼应的作用。

【关键词】

批判性思维　论证　组合式论证　收敛式论证　发散式论证　论证链　主结论　主论证　主论据　子结论　基本前提　非基本前提　子论证

批判性思维直译于英语中的"critical thinking"。作为一个正式的学术概念，最早出现在杜威的《我们如何思维》（1910）一书中。

然而，大家应该知道，有些概念的诞生早于相应的事物，例如，飞机、计算机；而多数事物诞生之后许久，才诞生了相应的概念，例如，批判性思维。虽然老子、孔子、庄子、苏格拉底、亚里士多德、牛顿、康德、马克思、爱因斯坦等先贤所处的年代尚未出现批判性思维的概念，但不可否认他们的思想中早就有批判性思维的火花。

8.1　棍杆论证：一种需要光大的人类智慧

正像"逻辑"既可指思维的形式和规律、推理和论证的本质，也可指研究这种形式、规律和本质的学问一样，批判性思维既可指一种理性精神和思维技能，又可指研究这种智慧的专门学问。作为专门学问的批判性思维是西方20世纪70年代才形成的，但作为理性精神和思维技能的批判性思维不是现代才有，古已有之；不是西方独有，东方也有。在历史长河中，它有时隐隐闪烁，有时汇成强光。当它汇成强光的时候，往往是文明进程飞跃的时候，例如轴心时代和启蒙时期。

我怀疑故我存在：作为人类智慧的批判性思维

批判性思维是一种人类智慧，"自知己无知"（苏格拉底，公元前 469—399 年）说明了它，"博学""审问""慎思""明辨""笃行"（子思，公元前 483—402 年）也说明了它，"我怀疑故我存在"（笛卡尔，1596—1650 年）说明了它，"破心中贼难"（王阳明，1472—1529 年）也说明了它，"敢于在一切场合运用理智"（康德，1724—1804 年）说明了它，"含泪明真言，冒死破程朱"（颜元，1635—1704 年）也说明了它……

批判性思维是一种需要光大的人类智慧。目前，卷入我们生活中的错误和陷阱似乎并不比以前少，商业世界中的消费圈套、网络空间中的符号暴力，再加上不经审辩的以讹传讹，信谣传谣……如果我们不想眼睁睁看着谎言压倒真相、情绪淹没理性，信息愚钝遮蔽智慧，那就必须运用批判性思维。

批判性思维的使命就是检验真伪、寻求最优。批判性思维，简单而言，就是推敲某个结论是否可靠，是否值得相信、检验相关论证是否需要改进的思维。具体来说，就是在理解的基础上，通过质疑、查证、推理等活动考察论证是否合理，从而决定应该信什么和做什么，在探究和争鸣中发现不足，寻求和构造更好认知的一种思维。批判性思维是求真的利器，是创新的基础，是纠正盲从或封闭的良方，是独立思考和决策的前提，是个人高品质生活和工作的保证，也是人类一次次走向认知新大陆的必由之路。

思维提升的入口：批判性思维和逻辑

批判性思维与逻辑有着紧密的联系。批判性思维的滥觞和逻辑学的发展有着千丝万缕的联系。20 世纪 70 年代，传统形式逻辑以及数理逻辑与生活实际脱节的问题日益凸显，引起了越来越多人的不满，很多逻辑专业工作者和学习者开始关注逻辑的实际应用而不只限于形式推演。于是，首先在北美兴起了一门新的逻辑学的子学科——非形式逻辑，同时兴起的还有批判性思维运动的浪潮。在有些学者眼里，这两者根本上就是同一事件的两个视角，而这一事件被很多学者恰当地称为"非形式逻辑与批判性思维运动"[①]或"基于非形式逻辑的批判性思维运动"[②]，这些说法既意味着批判性思维并不能完全化简为逻辑，又意味着两者有着难以分割的联系。

逻辑是批判性思维的重要准则。逻辑是有效思维的标准，没有逻辑就很难进行批判性思维，没有逻辑的思维不可想象，违背逻辑的批判可能是一场灾难。在认知活动中，逻辑是批判性思维的内在规则；在学科联系上，批判性思维很多方面是逻辑的应用。

在实际应用中，批判性思维关注范围比传统逻辑广阔。虽然批判性思维和逻辑在理论上存在承续关系，逻辑对批判性思维的功能起着重要支撑作用，但并不是懂了逻辑就自然会懂得批判性思维。从 20 世纪中叶开始到现在，批判性思维确实发展出了一些新的工具，例如对前提以及隐含前提的考察，对更多推理形式和论证类型的评估，对竞争性观点或方案的考察，等等。而且，批判性思维的风行不是偶然的，虽然思维是一个难以穷尽的多元结构，但国内外研究的实践表明，批判性思维由于对理性主体的高扬，从而易于激发人们思考的潜能；由于着眼于观点及其论证这一普遍存在的对象，从而易于找到在生活和学习中的用武之地；由于与"信什么""做什么"这样普遍存在的决策紧紧联系，从而易于体会理性的重要性并养成理性的习惯……批判性思维虽然不是一个人思维的全部，却很可能带动一个人全部的思维。批判性思维训练是思维提升的极佳入口。所以，不能撇开逻辑谈批判性思维，也不必避开批判性思维讲逻辑。

马厩中的一条狗：批判性思维的主要任务

批判性思维的主要任务是考察论证。

所谓论证，就是运用已知为真的判断（通常称作论据），通过推理确定另一个判断（通常称作论点）真实性的思维过程。论证就是通过论据使人们相信或不相信某个论点。

一般情况下，论证有三个要素，即三个组成部分，它们分别是论题、论据和论式。

---

① 崔清田：《非形式逻辑与批判性思维》，《哲学研究》2002 年第 4 期。
② 武宏志：《批判性思维：多视角定义及其共识》，《延安大学学报》（哲学社会科学版）2012 年第 1 期。

所谓论题，就是论证中真实性需要被确认的判断，是论证的对象。它回答"论证什么"的问题。

所谓论据，就是论证中用来确认论题真实性的那些已知为真的判断，是论证的工具。它回答"用什么论证"的问题。

所谓论式，即论证方式，就是指论据与论题之间的联系方式，是论证的手段。它回答"怎样论证"的问题。

论证在言语活动和心理活动中普遍存在，日常教学和社会生活中也会常常遇到。

【案例】

（1）连人之高低不择，还说"通灵"不"通灵"呢！（贾宝玉）

（2）子非鱼，安知鱼之乐？（惠子）

（3）船体在海上消失后，还能看到桅杆的顶部。大地是球形的。（哥伦布）

（4）素数有无穷多个。假设素数是有穷的，可以全部列举，记为 P_1，P_2，P_3，$\cdots$，P_n，此外没有更大的素数。然而 $P_1 \times P_2 \times P_3 \times \cdots \times P_n + 1$ 显然也是一个素数，而且它比 P_1，P_2，P_3，$\cdots$，P_n 都要大，这就和前提矛盾，所以素数有无限多个。（欧几里得）

（5）1531 年、1607 年和 1682 年出现的三颗彗星的轨道要素相似，这三个年号几乎组成等差数列。彗星将于 1758 年前后再次回返。（哈雷）

（6）马厩中有一条狗，然而，尽管有人进来，并且把马牵走，它竟毫不吠叫，没有惊动睡在草料棚里两个看马房的人。显然，这位午夜来客是这条狗非常熟悉的人物。（福尔摩斯）

【分析】

这六个案例都是论证，都是运用已知为真的判断作论据，通过推理来确定另一个判断的真实性。

从论证的结构可以看出，论证和推理有着密切的联系，表现在任何论证都必须通过一定的推理才能实现，离开了推理，就不能称其为论证。推理和论证之间存在着一种对应关系，即推理的前提相当于论证的论据，推理的结论相当于论证的论题，推理形式相当于论证的论式。

论证过程如图 8.1 所示。

论据

↓

论点

图 8.1　论证过程图

"清脆接吻"和"响亮耳光"：论证的构件

当然，实际语境中的论证远不像基本模式那样简单。一般来说，论证的构件通常包括以下几项。

1. 论证链

论证中由各个前提与结论构成整个支持关系。

2. 步骤

论证链中由任何单个的推论或论证构成一个支持关系。

3. 主结论

论证链中的最终结论。结论可能出现于语段的开头、结尾或中间。结论可能有不同的范围和确定性。这些不同强度的结论，所需的证据及支持强度不同。提出一个令人信服的论证所需要的证据强度，随人们希望达到的结论的范围和确定性程度而变化。

4. 主论证

由主结论及其直接前提构成的论证。

5. 主论据

直接支持主结论的理由。

6. 子结论

论证链中除主结论之外的任何一个步骤的结论。

7. 基本前提

不再被其他陈述支持的前提。大家应充分认识到基本前提在论证中的重要性。基本前提使论证免于"无穷后退"的悖谬，也确定了论证的终点。当然，基本前提也可能不是绝对真的，而只是似真的，关键在于它是否受到进一步的挑战。

8. 非基本前提

即子结论，论证中被其他陈述支持的前提。

9. 子论证

由子结论与其前提组成的论证。

【练习】

分析下述实例，寻找其中每个人的主张与论据。

在火车车厢的小房间中，仅有四位乘客：一位美国老太太和她年轻美貌的孙女，一个罗马尼亚军官和一个纳粹军官。当火车通过一座漆黑的隧道时，突然听到了一声清脆的接吻，接着就是一声响亮的耳光。火车驶出隧道后，他们四人没有一个人说话。而这时，四个人心中都在为刚才的声音展开思绪。

老太太心里想："我真为我的孙女感到骄傲。"

而她的孙女心中却在说："嗨！祖母都那么大年纪了，接一次吻有什么大不了的，还动那么大的肝火，也真是的。更何况那两个男人长得也挺帅的。我真感到惊奇，祖母这么大年纪了，可打起耳光来还那么有劲！"

心中窝火但仍笔直坐立的纳粹军官心中说："这个罗马尼亚人真狡猾，他偷偷地去吻一个女人，却让别人替他挨耳光。"

只有那位罗马尼亚军官心中暗笑："我这一手干得还真漂亮，真解气：我只不过在自己手上吻了一口，却打了那纳粹分子一记响亮的耳光。"

8.2　买卖人体器官是非法的：论证结构的类型及图示 [①]

当论证有一个以上的前提时，它们与结论构成的支持关系就可能有不同的结构，即论证的步骤有不同的性质。

约翰逊有选举权：线性论证

当一个论证的理由本身需要支持时，线性论证就不可避免。线性论证中的每一个理由或子论证都对主张有所支持，它们作为整体才能充分支持主张。论证整体的一个环节出现问题，便使整个论证链受到破坏。当论证的提议者认为，某个理由不必再加以说明时，论证链就会终止。

[①]　参阅武宏志、刘春杰等：《批判性思维——以论证逻辑为工具》，陕西人民出版社 2005 年版，第 80 页。

【案例】

约翰逊生于美国（3），这意味着他是一个美国公民（2），约翰逊应该有选举权（1）。

【分析】

案例中，（3）是（2）的论据，（2）是（1）的论据，可用图8.2表示。

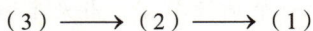

$$（3）\longrightarrow（2）\longrightarrow（1）$$

图8.2　案例图示

【练习】

分析下列论证结构，并图示。

买卖人的器官，如心脏、肾脏、角膜等，应被视为非法（1）。允许出卖器官不可避免地导致只有富人才负担得起移植费用的状态（2），这是因为，无论何种稀缺的东西作为商品买卖，其价格总是攀升（3）。这是供求规律决定的（4）。

我应该去教室了：组合式论证

若干互相联系的前提的组合共同支持结论。其中任何一个前提对结论的确立都是必不可少的。

【案例】

今天是星期一（2），快到10∶00了（3），而我在星期一的10∶00通常要上数学课（4），所以，我应该去教室了（1）。

【分析】

案例中，（2）、（3）和（4）是论据，（1）是结论。（2）、（3）和（4）都是必要的，它们共同支持（1）。在缺少其他前提的情况下，任一前提都不能单独为结论提供充分支持。取消任一前提，论证就完全不成立。（1）只能从（2）、（3）和（4）的组合得出，（2）、（3）或（4）任何一个都不能单独得出（1），可用图8.3表示。

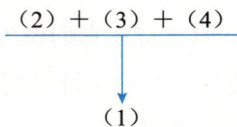

$$\frac{（2）＋（3）＋（4）}{\qquad}$$
$$\downarrow$$
$$（1）$$

图8.3　案例图示

【练习】

分析下列论证结构，并图示。

心脏病或者是遗传性的，或者是环境性的（1），心脏病不是遗传性的（2），所以，心脏病是环境性的（3）。

反对克隆人：收敛式论证

多个前提分别支持主结论，它们都汇聚于一点。

【案例】

反对克隆人(1)有三个理由。首先，不安全。虽然克隆技术近几年发展迅速，但目前克隆动物的成功率还只有2%左右，贸然用到人身上，克隆出畸形、残疾、夭折的婴儿，是对人的健康和生命的不尊重和损害。科学界普遍认为，由于人们对细胞核移植过程中基因的重新编程和表达知之甚少，所以，克隆人的安全性没有保障，必须慎之又慎（2）。其次，可能影响基因多样性。克隆人的"闸门"一旦开启，人们很有可能会以多种多样的理由来要求克隆人或"制造"克隆人，出现所谓"滑坡效应"或"多米诺骨牌效应"（3）。最后，有损人的尊严。根据公认的人是目的而非工具，以及每个人都享有人权和尊严的伦理原则，生命科学界和医疗卫生界自然也要遵循。克隆人恰恰背离了这些原则。

【分析】

案例中，（2）、（3）、（4）三个前提分别支持主结论（1），三个理由都汇聚于"反对克隆人"这一点上，可用图 8.4 表示。

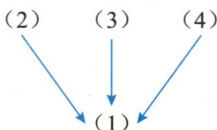

```
  (2)    (3)    (4)
    \     |     /
     \    |    /
      \   |   /
       \  ↓  /
        (1)
```

图 8.4　案例图示

我不能帮你：发散式论证

同一前提支持两个并行的主张。结构上与收敛式论证刚好相反。实际上，发散式结构在子论证中才有意义。因为，主论证中得出两个判断作为结论时，一般应视为两个论证。

【案例】

社区学院雇用非全日制教师可节省大笔金钱（1）。但是，这种对教师的随意使用，对学生是不利的（2）。大部分非全日制教师的薪酬只相当于全日制教师的 6%（3），结果，他们教授五六门课程才能养活自己（4）。这就减少了课余对学生的辅导机会（5）。使事情更糟的是，许多兼课教师甚至没有办公场所（6）。而且，低薪酬挫伤了非全日制教师的积极性（7），没有任期造成了在收入上缺乏持续的保障（8）。显然，这些条件降低了他们对学生需求的敏感性（9）。最后，由于这些非全日制教师过分地消耗精力（10），他们再抽不出精力改善他们的教学（11），许多人缺乏激励学生的热情（12），结果，教育过程受到损害（13）。

【分析】

案例由（3）"大部分非全日制教师的薪酬只相当于全日制教师的 6%"和（10）"非全日制教师过分地消耗精力"两个子论证分解开来，分别对"社区学院雇用非全日制教师对学生是不利的"进行论证。可用图 8.5 表示。

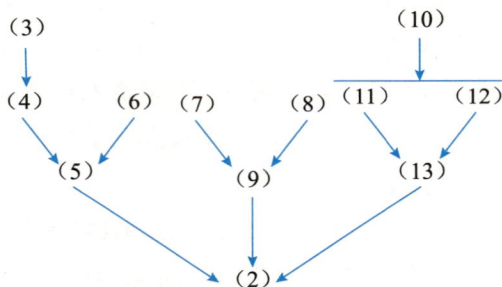

图 8.5　案例图示

【练习】

分析下列论证结构，并图示。

我不能帮你演算练习题（1），因为我没有学过多少数学（2），而且我还得完成我的哲学论文（3），因而今晚得干个通宵（4）。总之，我不能帮你。

8.3　安知鱼之乐：如何考察论证的可靠性

考察一个论证是否可靠，最关键的步骤是理解论证的主旨和关键性概念。例如"安知鱼之乐？"，"安"在古代有两个常用意思，"凭什么""在何处"。如果是第一个意思，这句话就是反问，相当于"你不知道鱼快乐"，这就是惠子的观点。如果是第二个意思，那就是一个疑问句了，相当于"你是在什么地方知道的呢？是在岸边还是在桥上啊？"这就不是一个论证了，是询问，而且这个询问预设了惠子承认庄子知道鱼快乐。这种对关键词语义的审辨在人文领域是非常需要的。数学和自然科学要好一些，概念一般是确定和清晰的。

此外还有检验论据、考察推理、挖掘隐含前提、质疑与争论等步骤，如图 8.6 所示。

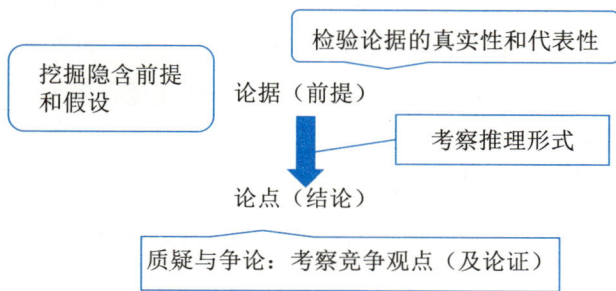

图 8.6　论证考察的主要步骤图

记者的消息来源：考察论据

船体在海上消失后，还能看到桅杆的顶部，说明大地是球形的（以下简称"桅杆论证"），如图 8.7 所示。

图 8.7　桅杆论证图

真的有人观测过船体在海面上消失的过程吗？（现在有人怀疑，是有了"地球是圆的"假说之后反推出的这个"证据"）当时还没有望远镜，目力能观测到这么远的距离吗？人类早就有了帆船，为什么直到 15 世纪才有这样的证据？在不同的海域都观测到这个现象吗？

【练习】

指出下列论证的结论和理由及支持理由的假设。

报纸和电视记者拒绝说出秘密消息来源的做法是否合乎法律？当然如

此。从性质上来说，采访记者和消息来源之间的关系，有些类似于律师和委托人，以及医生和患者之间的关系，都要求法律对隐私权作出保障。除此以外，如果这一关系不受保护，公众希望获得的消息来源便将枯竭。

大地是球形的：考察推理形式

现在假定"船体在海上消失后，还能看到桅杆的顶部"这个观测性证据为真，它真的能够推出"大地是球形的"这个结论吗？这就要看这种推理的形式结构属于什么类型，如果是演绎的，那就可以确信结论为真；如果是归纳或类比的，则不能确保结论一定为真，那就要考察它的可靠性究竟有多大。

该论证的推理过程规范表述为下：

船体在海上消失，还能看到桅杆顶部，

如果大地是球形的，会出现这样的现象；

大地是球形的

进一步抽象为：

发生了令人惊讶的现象 d

假设 h，会导致 d

---

h

这显然不是演绎推理，倒有点像演绎推理中的常见错误——"肯定后件式"；似乎也不是典型的归纳，观测再多次"桅杆比船体后消失或先出现"也不能直接"归纳"出"大地球形"的结论。这是溯因推理，溯因推理的问题在于：导致 d 的原因常常不止一个，凭什么确定就是 h？

于是溯因推理发展成了"最佳解释推理"：

发生了令人惊讶的事实集 {d_1, d_2, …, d_n}

H_1 比其他假设都更好地解释 {d_1, d_2, …, d_n}

H_1 很可能为真

"桅杆论证"就有了这样的合理进化：

d_1：在月食中，地球的投影是圆形的（亚里士多德）。

d_2：船体在海上消失后，还能看到桅杆的顶部（哥伦布）。

d_3：麦哲伦船队于 1519—1522 年完成了环球航行。

d_n：航天器拍摄的地球图片显示地球是球体。

h_1 "大地是球形的" 如果为真，这些能得到最佳解释。

<hr>

大地很可能是球形的

上述推理如图 8.8 所示。

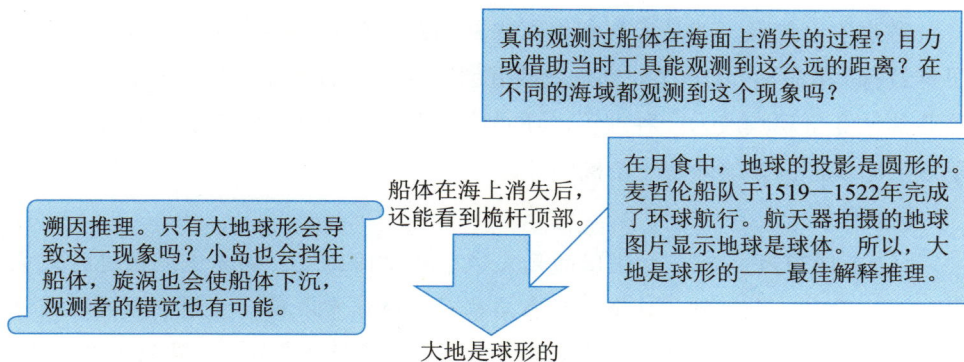

图 8.8　桅杆论证图

光沿直线传播：考察隐含前提

在一个论证中，说出来的论据可能只是一部分，那些没有说出来的论据就是隐含前提（隐含论据）。而且在论据或隐含前提的背后，还有一些支持这些论据或隐含前提的没有说出来的假设，这些假设称作隐含假设。

"桅杆论证" 有着怎样的隐含假设？隐含假设常常在辩驳和争鸣中露出真容：面对 "桅杆论证"，"地平说" 的维护者依然可以坚持自己的观点，同时接纳船体比桅杆先消失的观察事实。他们是怎么做的呢？一个不易察觉的隐含假设在 "地球说" 和 "地平说" 的相互争论中浮出水面。

在平坦的大地上怎么可能看到桅杆而看不到船体——如果之间没有遮挡物的话？

如果光线是沿曲线传播的，这就成了可能。当船体向观察者的反射光线刚好被海面挡住时（你可以想象一条长长的晾衣绳，它有一个微微下沉的弧度），桅杆由于高出海面较多，反射出的光线略过海面顺利到达观察者。

如果不是 "地平说" 论者的反驳，可能 "地球说" 论者自己都没有意识到 "地球说"论证中的这个重要假设——光沿直线传播。[①]

　　这样一来，船体先消失或后出现的事实就不会推翻"地平说"。而反过来讲，"桅杆论证"中必须有一条"光（在同一媒介中）沿直线传播"的假设。

检验万有引力定律：考察争论焦点

　　考察争论焦点，就是考察和论点相并列甚至对立的其他观点，这是批判性思维最有"革命性"的地方，也是最接近创造性思维的地方。即使后来"地球说"战胜其他竞争观点成为一种理论，还是应该保持一种开放的态度，允许新的竞争观点出现，例如地球是一个椭圆球体。

　　【案例】

　　（1）1672年，有一位法国的天文学家从法国出发，到赤道地区进行天文观察。他带去一个时钟，这个时钟在启程时调得非常准确，可到了赤道地区以后，时钟变慢了，而且慢得很有规律——每昼夜慢两分半钟。于是他调整摆长，使时钟恢复准确。可是，回到巴黎以后，那台调整后的时钟又走快了。他经过深入研究，领悟到产生这个现象的原因是赤道地区的重力加速度比巴黎小。

　　（2）牛顿当时正在研究万有引力定律，这位天文学家的发现给了牛顿以启发。牛顿进一步设想：地球上不同的地区重力加速度不同的原因可能是地球形状不是正球而是椭球，是赤道半径比极半径大一些的缘故。进而，从理论上计算出了地球形状的有关参数。牛顿大胆的推断和计算震动了当时的科学界。牛顿关于地球形状的推测，为后人的精密测量所证实。这件事实使万有引力定律第一次经受了实践的检验。

　　【分析】

　　这就是争论的作用。正因为竞争，人类才向未知开放，从而不断进步。

　　回顾批判性思维的四项任务，整理人们的问题和思路如下。

　　考察论据：真的有人观测过船体在海面上消失的过程吗？目力或借助当时工具能观测到这么远的距离吗？在不同的海域都观测到这个现象吗？

　　考察论证形式：溯因推理。然而，只有大地球形会导致这一现象吗？小岛也会挡住船体，旋涡也会使船体下沉，观测者的错觉也有可能。

---

① 董毓：《批判性思维原理和方法》，高等教育出版社 2010 年版，第 346—347 页。

改进论证形式，补充论据，形成最佳解释推理：在月食中，地球的投影是圆形的；麦哲伦船队于 1519—1522 年完成了环球航行；航天器拍摄的地球图片显示地球是球体。所以，大地是球形的。

考察隐含假设："光（在同一媒介中）沿直线传播。"

考察竞争观点：大地是圆形、椭圆球形……

以上思路如图 8.9 所示。

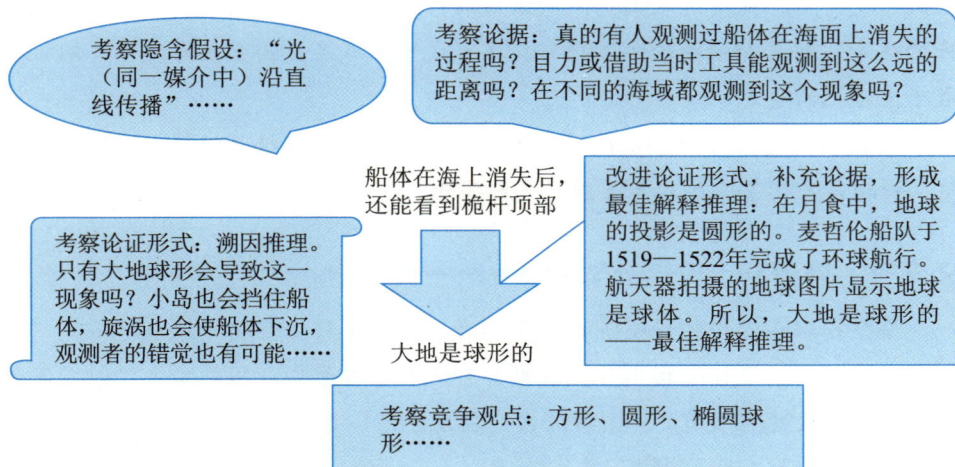

考察隐含假设："光（同一媒介中）沿直线传播"……

考察论据：真的有人观测过船体在海面上消失的过程吗？目力或借助当时工具能观测到这么远的距离吗？在不同的海域都观测到这个现象吗？

船体在海上消失后，还能看到桅杆顶部

改进论证形式，补充论据，形成最佳解释推理：在月食中，地球的投影是圆形的。麦哲伦船队于 1519—1522 年完成了环球航行。航天器拍摄的地球图片显示地球是球体。所以，大地是球形的——最佳解释推理。

考察论证形式：溯因推理。只有大地球形会导致这一现象吗？小岛也会挡住船体，旋涡也会使船体下沉，观测者的错觉也有可能……

大地是球形的

考察竞争观点：方形、圆形、椭圆球形……

图 8.9　桅杆论证图

8.4　辛普森案的故事：检验证据

错误论据可能带来错误的论点和决策。所以，论证必须对论据的正确性加以检验，以避免造成错误的论点，进而导致决策失误。

【案例】

2009 年美国部队撤出巴格达市区，伊拉克全国放假，民众涌上大街狂欢。很多美国人对"被帮助"的对象的"欢送"内心异常复杂。

美国 2003 年入侵伊拉克，是错误信息导致的一场灾难，至少对两国民众来说是这样。美国政府开战的重要论据，按照英国《独立报》的总结，其实是 20 个谎言，归纳起来分成 5 类：（1）伊拉克有大规模杀伤性武器；（2）伊拉克在继续核计划；（3）伊拉克和基地组织有合作；（4）伊拉克是迫在眉睫的恐怖威胁；（5）萨达姆政权独裁残暴，伊拉克人民欢迎美国去解放他们。

【分析】

在这里，前 4 类论据被证明不成立。至于第 5 类，人们也指出，伊拉克既不喜欢萨达姆，也不喜欢美国占领军。[①]

然而，由于战前重复高调的宣传，越来越多的美国人接受了这些论据，开战民意支持率一度高达 75%。然而最后的结果全世界都看到了，除了伊拉克人民的生命、财产和资源的惨烈损失，还有成千上万名美国士兵的鲜血，纳税人成千上万亿的美元。

错误的论据极可能会支持错误的论点，错误的论点很可能推动灾难性的决策。纵观历史上著名的人为导致的失败案例，多数都走过类似的轨迹。

文森特·鲁吉罗：论据类型

哪些材料可以作为论据呢？著名学者文森特·鲁吉罗将论据（他称作"证据"，这两种说法在逻辑上并无区别）分成若干种类型，包括个人经验、未公开的传说、公开的报道、目击者证言、名人证言、专家意见、实验、统计资料、调查、正规观察和研究评述。[②]

值得注意的是，并不是任何论证都可以采用以上任何一种论据。不同情境任务对证据有着不完全一样的要求。例如，《中华人民共和国民事诉讼法》第六十三条规定，证据包括：（1）当事人的陈述；（2）书证；（3）物证；（4）视听资料；（5）电子数据；（6）证人证言；（7）鉴定意见；（8）勘验笔录。

不合手的手套：基于论据的质疑与推理

那么，如何对证据进行检验呢？在检验证据的过程中，关键的一点就是要进行基于论据的质疑与推理。

值得注意的是，每一类论据都存在风险。就拿文森特证据类型来说，每一类证据都有值得质疑的方面，如表 8.1 所示。

---

① 董毓：《批判性思维原理和方法》，高等教育出版社 2010 年版，第 172—173 页。
② [美] 文森特·鲁吉罗：《批判性思维考指南》，顾肃、董玉荣译，复旦大学出版社 2010 年版，第 77 页。

表8.1　文森特证据质疑表

证据类型	可质疑的方面
个人经验	是不是特例？有无推广价值？
未公开的传说	故事源自何处？所听到的是"权威版本"吗？
公开的报道	是引用了重要信息的来源吗？作者、出版机构声誉如何？报道中有哪些陈述本身尚需论据支持？
目击者证言	现场情境及目击者身心状态如何？事件发生以来是否存在干扰目击者记忆的因素？
名人证言	名人在什么场合发表的证言？上下文是什么？证言本身有支持吗？
专家意见	专家是相关方面问题的专家吗？意见有无引证或研究成果支持？是否存在金钱等利益交易？
实验	被反复试验过吗？被其他研究者独立地确认过吗？
统计资料	来源是什么？自统计以来，一些重要因素发生变化了吗？
调查	研究范围内所有对象都有被选中调查的均等机会吗？问题是独立、客观、明确的吗？没有回复调查的人有多少？其他结论支持本调查的成果吗？
正规观察	观察行为会改变被观察对象吗？观察时长足够吗？概括范围得当吗？
研究评述	评论者的结论看起来合理吗？有无漏掉相关研究？

从表8.1来看，不同类型的证据鉴定的侧重各有不同，但也有一些内在一致的要点，例如，证据的完整性，证据和常识的一致性，证据和其他相关信息相互印证的程度。

辛普森杀妻案的判决是美国司法史上的一个里程碑。这场被誉为"世纪审判"的案子在美国可谓家喻户晓：克林顿总统推开了军机国务；前国务卿贝克推迟了演讲；华尔街股市交易清淡；长途电话线路寂静无声；数千名警察全副武装，如临大敌，遍布洛杉矶市街头巷尾。CNN统计数字表明，大约有一亿四千万美国人收看或收听了"世纪审判"的最后裁决。

【案例】

辛普森1947年生于旧金山市的黑人贫困家庭，橄榄球明星，创造过单赛季带球冲刺2003码的纪录，被誉为"最佳跑锋"。辛普森还是体育评论员、广告代言人，甚至是电影明星，社会影响力很大。

1977年，辛普森邂逅白人姑娘妮可，不久就与黑人妻子离婚，娶了妮可。婚后，两人感情产生裂痕，1985年妮可曾打电话报警，指控辛普森对她拳打脚踢。警察福尔曼曾上门处理过他们的家庭暴力案。

两人离婚后，辛普森曾跟踪、骚扰妮可，想方设法阻挠她和其他男性交往。

1994 年 6 月 12 日晚 10 点左右，辛普森前妻妮可和她的男性朋友戈德曼在妮可的公寓内遇害。13 日凌晨 5 点一队刑警在获知被害人身份后赶往离案发现场 3 公里远的辛普森的住宅。按铃后无人回答，警探福尔曼自告奋勇翻墙进入辛普森的家中侦查。大约 20 分钟后，他带着一只沾血的手套等多个证据出来了。警员悉数进入辛普森的家中进行搜查。辛普森成为重大犯罪嫌疑人。

6 月 13 日中午 12 点，辛普森赶回加州与警方见面，警方发现辛普森的左手手指有割伤。辛普森配合警察抽取了 7.9 ～ 8.7 毫升血液。

6 月 17 日，辛普森并没有如期出现在警局，而是被人目击开着汽车飞驰在洲际公路上。警方当即判定辛普森由犯罪嫌疑人变成了逃犯，他们出动了 3 个郡的警力进行追捕。美国的 3 大电视网：ABC、CBS、CNN 同时终止了一切节目的播放，他们派出专用的直升机在空中记录下了这一切。全美国坐在电视机前的人几乎都目睹了这惊心动魄的一刻。最后，辛普森在开车进入自己的住宅后，还是向警方投案。

1995 年 1 月 24 日，加利福尼亚州最高法院开始对辛普森案进行审理。控辩双方都组建了超豪华的阵容，尤其是辩方，被称作律师"梦之队"。

控方占有很多物证，据主控官称有 488 件之多，被称作"血证如山"。比较著名的有以下三件。

（1）血手套。一只在犯罪现场发现，另一只则是福尔曼警探翻墙进入辛普森的住宅后发现的。手套的血迹经检验与被害人妮可和戈德曼一致。手套上还检验出戈德曼衣服上的残余纤维和毛发。

（2）袜子。袜子也是福尔曼警探在辛普森家中发现的，根据检验，袜子上的血迹与辛普森一致。且被害人戈德曼衣服上的纤维同样在袜子上被检验了出来。

（3）在现场两处地方发现了辛普森的血迹。一处在从被害人尸体通向公寓后院的小道上，警方发现了五滴被告血迹，大小均匀，外形完整。另一处在公寓后院围墙的门上，警方发现了三道血痕。

【分析】

看看"辛普森案"这三件物证引发了怎样的故事。

（1）血手套

辛普森当庭试戴手套，结果手套显得很不合手，如图 8.10 所示。

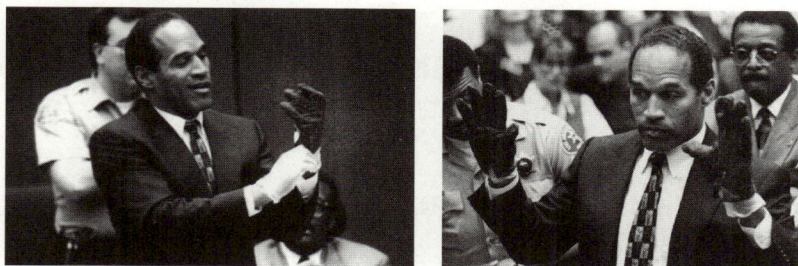

图 8.10　辛普森案图

当然，事后人们获知，患有严重手关节炎的辛普森停用关节炎药已经很长时间，手指比平时肿大是必然的。

（2）袜子

华人鉴证专家李昌钰发现：犯罪现场的袜子通过某种角度折叠后，两侧的血迹完全重合。

是什么样的原因会造成袜子两侧血迹一模一样呢？如果袜子不是穿在脚上，而是摆放在哪里滴上血液，就会造成两侧血迹一模一样。其他的可能性很小很小。是谁会在袜子上滴血呢？无论如何，这只袜子不能成为辛普森行凶的证据。

（3）血迹

从照片来看，血迹大小均匀，外形完整。

然而，假设辛普森在搏斗中被刺伤，按常理，应该在起初大量流血，过一会儿血量才会逐渐减少。所以，5 个血滴不太可能大小均匀。另外，血滴应是在搏斗或走动中被甩落，以撞击状态落地，因此，血滴的外形不可能完整。

令人生疑的是血迹内发现防腐剂（EDTA）。更令人浮想联翩的是，6 月 13 日，警方在辛普森身上抽取了 7.9～8.7 毫升血液样品。可是，辩方专家在警方实验室只发现了 6.5 毫升的血样。换言之，1.4～2.2 毫升的辛普森血液样品竟然不翼而飞。

从辛普森案来看，鉴定证据不仅仅需要调查和比对，还需要依据常识展开推理。

"一带一路"不是"新殖民路"：考察论据的来源

在考察证据本身之外，有时候还要特别注意证据的来源，这是最重要也是常常被忽视的一点。

1. 来源的公正性至关重要

在现实生活中，证据来源的公正性至关重要，大多数不可靠的证据都源自不公正的证据来源。

【案例】

2024 年，巴西副总统率领由多位部长组成的代表团来北京进行贸易和投资谈判。一位美国特使在巴西表示，任何考虑加入"一带一路"倡议的人都应三思而后行，想清楚主权是怎么被剥夺的。这种荒谬论调，理所当然地遭到中国外交部发言人的驳斥。

事实上，以美国为首的西方资本主义国家在"一带一路"倡议提出伊始便不遗余力的抹黑攻击。如 2023 年 5 月欧盟委员会主席冯德莱恩在七国集团（G7）峰会上称，"一带一路"倡议看似性价比较高，但一些"全球南方"国家在对华合作中接受中国贷款，最终陷入债务危机。同年 10 月，美联社抛出这样一篇文章，称非洲的肯尼亚、赞比亚，南亚的巴基斯坦、斯里兰卡，向中国贷款后便落入"陷阱"，致这些国家的资源乃至主权"被中国控制"。

这些论调的提出，源于美国基建计划的破产。2021 年 6 月美国推动提出 G7 版"重建美好世界"计划，2022 年 6 月，美国正式启动"全球基础设施和投资伙伴关系"，但这些计划需要真金白银的给发展中国家投资基础建设，投入大、周期长、回报存在不确定性，因而口号响，落实难。最后，美方不得不把重心放在抹黑攻击的虚假叙事上来。

【分析】

美国恶意将中国"一带一路"倡议抹黑为"债务陷阱""主权剥夺"，甚至用"新殖民主义"的字眼称呼"一带一路"。其论据来自于美国及其盟友臆造的假象，意在阻断发展中国家经济跨越之路，从而永久的维护和巩固美式单极霸权。根据批判性思维的要求，如果在论证中没有利益无关方或其他独立方的确证，仅凭利益相关方的举证是值得怀疑的。事实上，美国波士顿大学全球发展中心发布报告指出，中国同发展中国家的投融资合作源于资金接受国的巨大现实需求，有助于解决当地发展瓶颈、释放经济增长潜力，有望使全球实际收入增长最高 3 个百分点。可见"一带一路"不仅没有制造债务、侵害主权，反而促进了各国经济发展和民生改善，使沿线国家更加有能力维护自身独立与主权。

在评价信息来源的公正性时，一个重要的参考就是信息提供者与所提供的信息有无利害和情感关系。

【案例】

布鲁特·诺埃尔·摩尔在其著作《批判性思维——带你走出思维的误区》一书中，记述了自己的两次经历。

一次，摩尔曾看了一个电视录像，几个貌似金融专家的人在讨论近年来美元相对于其他币种持续贬值的情形。在讨论了贬值的原因及结果不久，话题转向针对这种情形可以通过购买合适的外币来获利。而其间他们说到某公司提供的特定理财产品的种种好处……总之，话题最终转向特定的金融产品。"专家"其实是利益相关方，他们的兴趣在于推销他们所推荐的投资产品。

又有一次，摩尔被汽车专营店告知发动机漏油，需要花费上千美元修理。由于在车库的地上并没发现漏油迹象，谨慎的摩尔就准备等待查明漏油的严重程度再决定是否修理。从专营店的"诊断"至今已 11 个月过去了，也没有发现汽车漏油的明显迹象。结论是什么？汽车专营店是利益相关方，对于他们可以获利的建议我们要有不同看法，原本车并不需要花费上千美元来修理。[①]

【分析】

论据所支持的论点会使某些人得益，而论据偏偏又来自这些人，我们就有理由怀疑论证的公正性。摩尔正是敏锐地发现了这一点，从而避免了损失。

对于判断证据来源的可靠性，一般来说，利益无关方比利益相关方更可靠。

2. 重要资料要有详细出处

【案例】

2024 年美国大选之际，一则关于美国总统拜登突发心脏病离世的消息遍传全球，一时之间舆论四起。发布这起消息的社交媒体举出的证据就是在 2024 年 7 月 23 日，美国国会大厦突降半旗。而在降半旗发生之前，拜登已因身体健康问题，宣布退出总统大选。巧合的是，就在拜登宣布退选后不久，有美国媒体采访了拜登的亲弟弟弗兰克·拜登，他和媒体说"拜登退选是因为健康问题，已经活不长久了"。前北约三星将军政治顾问，前国会议员创办的《US Civil

---

① [美]布鲁特·诺埃尔·摩尔，理查德·帕克：《批判性思维——带你走出思维的误区》，朱素梅译，机械工业出版社 2012 年版，第 59—60、62 页。

Defense News》也在推特发布消息称，拜登染上重病或已进入弥留之际，目前正在接受临终关怀。结合拜登上任后频繁发生跌倒、口误、打瞌睡等情况，且在消息发出的当周周一，白宫幕僚长紧急召集全体员工开会。种种证据无不证明了这起传闻的真实性，但舆论发生后，白宫迅速发布声明辟谣，称总统的健康状况良好，并对外界的猜测表示遗憾。拜登也通过视频方式向公众展示了他目前的状态，以平息流言。

【分析】

这起关于"拜登去世"的谣言风波，乍看之下，论据完整，且有许多貌似权威的声音予以支持。其实，只要受过基本的批判性思维训练的人，就不难发现这类谣言的可疑之处。首先，作为支撑性论据的"美国国会大厦降半旗"并没有明确指向"拜登去世"这件事，也没有白宫官方人员出面证明"降半旗"是为了纪念拜登，不足以作为有效的论据，实际上，这次降半旗活动是为了纪念已故的国会议员希拉·杰克逊·李。其次，拜登弟弟与《US Civil Defense News》的发言，缺少医生出具的病情诊断作为支撑，有捕风捉影之嫌。最后，以"白宫紧急召开会议"作为论据实则与"降半旗"类似，都缺乏明确的指向。所以，回看此次谣言风波，它的每一个论据都缺少详细有效的资料支持，只是在外部的推波助澜下，它们组合起来成为了看似有说服力的证据。事实上，大多数谣言的兴起都是出于类似的原因，这就告诫我们，在网络上浏览信息的时候，不能盲目信任，而是要主动收集权威可靠的资料，运用好批判性思维，客观地评析事件。

3.举证者的信誉是一种保障

如果举证的信誉与证据可靠性密切相关，这时候举证者的信誉对人们决定是否接受相关论证是非常重要的。

【案例】

辛普森案的"血证"接二连三出现了问题，而最后，重要取证者福尔曼警官的问题成了检方最致命的问题。由于辛普森是黑人，辩方如果证明福尔曼有歧视黑人的倾向，将会很大程度动摇福尔曼取得的证据的可靠性。

以下是辩方律师李·贝利和福尔曼的对质：

贝利："在过去10年之中，你曾使用过'黑鬼'一词吗？"

福尔曼："就我所记得，没用过。"

贝利："你的意思是说，如果你叫过某人黑鬼，你也早就忘了？"

福尔曼："我不确定我是否能回答你用这种方式提出的问题。"

贝利："我换句话说吧，我想让你承认，自 1985 年或 1986 年以来，或许你曾在某一时刻称呼某位黑人是黑鬼，可能你自己已经忘了吧？"

福尔曼："不，不可能。"

贝利："你是否就此宣誓？"

福尔曼："那正是我的意思。"

贝利："如果任何一个证人出庭作证，说你曾用'黑鬼'一词形容黑人，这个人就是在撒谎？"

福尔曼："没错，他们是在撒谎。"

之后不久，辩方在庭上播放了一段录音。录音来自一位作家，她为了收集警察破案的素材，在案发前近 10 年期间曾多次采访福尔曼，并录制了 14 个小时的采访录音。辩方发现在录音谈话中，凡是提到黑人的地方，福尔曼警官一律使用了"黑鬼"这一侮辱性用语，共达 41 次之多。

【分析】

福尔曼录音磁带的发现堪称世纪大审判的转折点。福尔曼也因此成为"辛普森案"唯一获罪的人（作伪证）。这足以说明举证者信誉对论证的关键作用。当然，前提是这种信誉对论据的可靠性是有密切联系的。福尔曼对黑人的歧视使他有可能——仅仅是可能就已经足够——在侦查的过程中采取对辛普森不利的措施；而他在庭上作伪证也使得他经手的其他证据变得不可靠。假使福尔曼不存在歧视黑人以及撒谎的问题，他的问题只在于诸如拖欠债款和对同事出言不逊等，就不能削弱他作为证人的可信度。

8.5　幸存的飞机：考察推理

就考察一个论证来说，如果其论据是可靠的，有代表性的，那就还剩一件重要的事情——论据能否对论点提供足够支持，这是论证的中心问题。这里探讨几种要特别注意的问题。

如何加强战机防护：考察论据和论点的关系 ━━━

在前面的章节中，我们把推理定义成"由一个或一组前提推出一个新的结论的过程"，在这里，我们要把推理看作"论据对结论的支持"。这两种说法的逻辑意义是相同的，论证中的论据对应着推理中的前提，论点对应着结论，论证方式对应着推理形式。

事实上很多人在"推出"新发现的过程中很少考虑推理问题，他们更多靠一种直觉，当然这种直觉很可能是一种快速的推理；但是在"证明"新结论是否很审慎地考虑推理问题，这直接决定了他们的论证能不能经得起考验。正如图尔敏所言：推理是公开的、人际的或社会的活动。只要允许公开批评，任何概念或思想就能依据理性的标准被"理性地"考察和批评。与其说推理是偶然发现思想的方式，不如说是批判地检验和筛选思想的方式。

考察论证中的推理，就是考察论据和论点之间的关系，就是考察论据的真多大程度决定着论点的真。我们从这个角度看推理，会发现推理的类型有以下几种。

（1）如果论据真，论点必定为真，这就是演绎。

（2）如果论据真，论点可能为真，这就是归纳，也有可能是溯因，等等。

（3）如果论据真，论点极不可靠，这就是谬误。①

（4）如果论据真，论点必定为假，这就是矛盾。

理论上，论据为真的情况下，我们了解了一个论证的推理类型，也就大致了解了这个论证的论点是否可靠及可靠的程度。

为方便起见，下面把采用何种推理形式的论证简称为何种论证（例如，采用演绎推理形式的论证就叫作"演绎论证"）。

在论据为真的前提下：

（1）演绎论证的论点就百分之百为真；

（2）矛盾论证的论点就百分之百为假；

（3）如果是归纳、类比、溯因等或然性论证，论点则有一定的可靠性，有可能存在进一步改进的空间；

（4）如果是谬误论证，论点为假的可能性极大。

在日常生活中，矛盾论证并不多见，而有效的演绎论证只需要确认前提无

———

① 逻辑学中的谬误就是除了虚假前提之外的有缺陷的论证，"推不出"是谬误的基本特征。

误即可。所以，考察论证的推理类型，主要有两项任务：一是考察归纳等或然性论证的强度；二是识别谬误。

"文雅的国度"和"色情的国度"：归纳论证需要注意的问题

归纳论证是一种或然性论证。要提高归纳论证的可信度，除了配合演绎论证之外，还需要考虑论据的数量、类型、获取论据的方式以及关键背景等问题。

1. 论据的数量是否足够

【案例】

鲁迅在《内山完造作序》里写道：一个旅行者走进了下野的有钱的大官的书斋，看见有许多很贵的砚石，便说中国是"文雅的国度"；一个观察者到上海来一下，买几种猥亵的书和图画，再去寻寻奇怪的观览物事，便说中国是"色情的国度"。

【分析】

显然，鲁迅在这里提及的都是论据数量不足的情况。

论据的数量太少，就不能代表所讨论的全部对象，结论很有可能偏颇。在同等条件下，论据的数量越多，结论就越可靠。

【案例】

（1）我们要欣赏的古代文学作品，很多是诗歌。有时候我们自己兴致来了，也会写写诗歌。诗歌是必须学会的文学样式。

（2）老舍先生在《散文重要》里指出，我们写信、日记、笔记、报告、评论，以及小说、话剧，都用散文。我们的刊物（除了诗歌专刊）与报纸上的文字绝大多数是散文。我们的书籍，用散文写的不知比用韵文写的要多若干倍。看起来，散文实在重要。在我们的生活里，一天也离不开散文。

【分析】

以上两段论证都是归纳论证。例（1）的论证的论据数量就显得太少，例（2）的论据就很充分，论证就显得很有力量。

2. 论据的类型是否单一

一般来说，论据的数量越多，对结论的支持越强。但如果讨论的对象是多样的，这就要求论据不仅仅要有一定数量，还要照顾到不同类型的对象。要证明植物光合作用离不开叶绿体，考察 1000 片同一种树叶（比如梧桐树叶），不如考察 100 片不同植物、不同季节、不同颜色的叶片（夏秋的梧桐叶、常青藤叶、红枫叶、荷叶等）更有价值。

然而，确认细菌感染，检查一滴血就足够了，不需要在患者的全身都取样。正如恩格斯所说，要说明能量守恒，十台蒸汽机并不比一台蒸汽机更有说服力。究竟需要获取多少论据是合适的呢？

获取论据的数量与类型多寡，主要看被研究对象的总体情况。如果要研究的对象个个都是高度同质，甚至是标准化的，取一个或一部分证据就够了；如果分成不同类型，那么每一种类型都应该取证；如果每个个体存在差异，又很难明确分类，取证就要尽可能多，尽可能随机。

3. 获取论据的方式是否公平

【案例】

1936 年罗斯福与兰登竞选总统，美国《文学文摘》就对选情进行民意调查，根据全国各地的电话簿，寄出了 1000 万份模拟选票，对其中收回的 200 万份选票进行统计，结果表明：兰登占有 57% 的明显优势。他们由此作出兰登将当选的预测。而最终选举结果却是：罗斯福获得 62% 的选票而胜出。《文学文摘》被迫宣布在 1937 年停刊。经过后来的分析，他们抽取的样本数量不可谓不大，但问题是这些样本不具有代表性。因为当时美国正处于经济萧条期，家里有电话的都是较为富裕的家庭，占选民多数的不够富裕的家庭都没有电话，而这些选民大多支持罗斯福。与《文学文摘》构成鲜明对照的是，当时初出茅庐的盖洛普仅仅做了 5 万人的调查，却作出了准确的预测，由此奠定了盖洛普民意测验的声望，延续至今。

【分析】

获取论据时，不能有意无意"屏蔽"掉一类或几类对象。《文学文摘》从电话簿中选择样本，无形中屏蔽了绝大多数低收入的选民。

【案例】

2018 年高考语文全国卷 Ⅱ 作文题的材料是这样的：

"二战"期间，为了加强对战机的防护，英美军方调查了作战后幸存飞机上弹痕的分布，决定哪里弹痕多就加强哪里……

读到这里，你可曾想过：敌方的高射机枪或战斗机不可能精确到只命中飞机的特定部位的程度。可以设想，如果在机身打上均匀网格，每个格子中弹的概率至少不会相差太大；如果把所有飞机的弹痕原位复制到同一架飞机上，这些弹痕应该接近均匀分布，至少不会有的地方很多，有的地方很少甚至没有；大致说来，如果一部分飞机某些地方弹痕多一些，另一部分飞机的另外地方弹痕就会多一些。

材料接着叙述：

然而统计学家沃德力排众议，指出更应该注意弹痕少的部位，因为这些部位受到重创的战机，很难有机会返航，而这部分数据被忽略了。事实证明，沃德是正确的。

【分析】

调查幸存飞机，是一种"不公平"的取证，它自动屏蔽了那些没有幸存的飞机，从而远离了真相。当然，要调查者获取没有幸存的飞机的样本，的确是勉为其难了。但只要考虑到那一部分样本，就可以推理出真相。推理过程如图 8.11 所示。

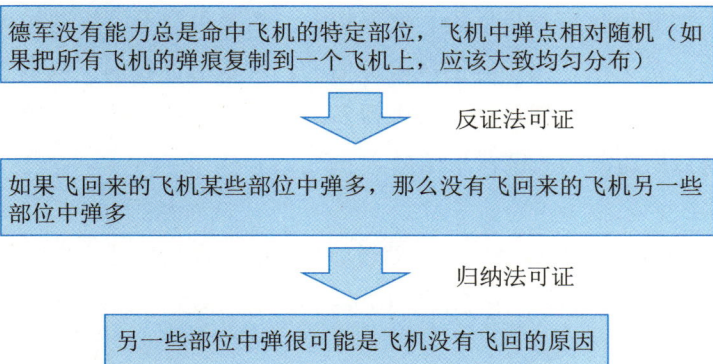

德军没有能力总是命中飞机的特定部位，飞机中弹点相对随机（如果把所有飞机的弹痕复制到一个飞机上，应该大致均匀分布）

↓ 反证法可证

如果飞回来的飞机某些部位中弹多，那么没有飞回来的飞机另一些部位中弹多

↓ 归纳法可证

另一些部位中弹很可能是飞机没有飞回的原因

图 8.11　"幸存飞机案例"论证图

【案例】

一项研究发现，罪犯的平均智商是 91～93，大众的平均值是 100，因此罪犯的平均智商是低于大众的。[1]

【分析】

大家也许想到了，论证数据从哪里来的呢？一定来自已经被捉拿归案的罪犯，而那些没有落网的罪犯，会不会智商高得多呢？

---

① 董毓：《批判性思维原理和方法》，高等教育出版社 2010 年版，第 253 页。

事实上有很多样本的统计情况是不能够推广到总体上的。

【案例】

"这可咋办？广州医院产前亲子鉴定近八成非亲生"。

【分析】

看到这样的标题，你是否感到触目惊心？但是，仔细想一想。去做亲子鉴定的，其实都是有原因的。如果没有充分的理由怀疑，谁会做这种极可能影响家庭的事？也就是说，决定去做亲子鉴定的人，其子女非亲生的可能性本身就要比多数没有考虑做的人大得多。

4. 有无遗漏关键的背景信息

统计数据本身可能是真实的。但是，由于缺少相关信息，它们可能并不能表达人们想要表达的意义。例如，有人统计了某地区不同运动项目中死亡的人数：棒球死亡人数是 43，足球死亡人数是 22，拳击死亡人数是 21。并就此提出拳击并不如其他体育项目危险。但事实上，如果我们不了解这些运动的参加人数和频次，是无法作出正确的风险评估的。常识告诉我们：从事拳击运动的人，要比从事棒球和足球运动的人少得多。这一点就是"拳击不如其他运动项目危险"观点所遗漏的关键背景信息。

【案例】

（1）我们的计算机销售市场份额增加了 50%。我们的对手只增加了 25%。

（2）本市凶杀案比去年增长了 67%。[①]

【分析】

即使这两个案例的数据都是正确的，但是它们想使我们得到"某公司的业绩更好"或"某市的犯罪率正在猛增"这样的结论的话，理由还远远不够充足。现在补充一些关键信息，你的看法就会完全不同。某公司的计算机的销售只是从原来市场份额的 2% 提高到了 3%，而对手则从原来的 60% 提高到了 75%。到底谁在市场中更有优势？而所谓的凶杀案的增长不过是从 3 件增长到 5 件，也许状况就不像想象的那么严重了。

---

① 武宏志：《批判性思维》，中国人民大学出版社 2005 年版，第 217 页。

8.6　梅兰芳先生的戏：识别谬误

美国逻辑学家帕特里克·赫尔利认为：谬误通常与推理的缺陷或者被制造出来的错觉直接相关，这种错觉使一个坏的论证看起来如同好的一样。不妨就把谬误定义成"看起来不错的坏论证"。根据论证"坏"在什么地方，可以把谬误分成五种类型："不相关"的谬误、"不充分"的谬误、"不当预设"的谬误、"不良结构"的谬误和"不利于交流"的谬误。

妻子应该庆幸："不相关"的谬误

【案例】

（1）我们不能选她做数学课代表，你看她的发型多么幼稚。

（2）我们不能选她做数学课代表，她刚刚清点班级的人数，数了三次都没有数对，明明只有两个座位空着。

【分析】

在例（1）中，发型如何与做数学课代表合适与否并无关系。例（2）则不一样，清点人数是课代表经常要做的工作，不知道通过用座位数减去空座位数来算人数，也体现了思维不够灵活，这一论据的说服力虽然不够强，但和论点是相关的。

论据和论点相关，看上去这是论证最为基本的要求，但真正做到并不那么容易。

【案例】

在月食中，地球的投影是圆形的。船体在海上消失后，还能看到桅杆的顶部。麦哲伦船队于 1519—1522 年完成了环球航行。所以，大地是球形的。

【分析】

月食投影、桅杆顶部是观察所得，环球航行是实地考察，这两方面证据都非常典型，因而充分支持了结论。从前人们大多相信大地是平的，后来越来越多的人相信大地是球形的，依靠的就是这样的论证。

然而，这样的证据从发现到最终形成论证，花去了人类近两千年的时间，如果前面走的弯路也算进去，这个时间还要向前延长很多很多。

显然，利用一个不相关的论证就会容易很多。

【案例】

妻子："你昨晚又喝酒迟归，像话吗？"

丈夫："你应该庆幸才是，想想你的大学男友老李吧，他赌瘾戒不了，房子都输掉了！"

【分析】

类似这样的对话很常见，其中还有不少"效果良好"。面对这样的比较，可能有的妻子想想就感觉"知足了"，但事实上这样的比较是没有意义的。前男友的行为和境遇究竟如何，与丈夫喝酒迟归该不该受到谴责一点儿关系都没有。

当然，很少有人会使用明显不相关的证据。论据和论点相关，要求的是逻辑和因果上的相关，并不是情感和心理上的相关。需要警惕的恰恰是，用情感和心理的相关来代替逻辑和因果的相关。撞坏了公共设施，却以"幸亏撞的不是人"来为自己开脱；违反了职业道德，却以"自己混到今天不容易"来请求网开一面，都属于此类。

典型的"不相关"的论证错误有以下几种。

（1）诉诸强力。

（2）诉诸怜悯。

（3）诉诸公众。

（4）人身攻击。

（5）诉诸不胜任的权威。

（6）诉诸无知。

（7）赌徒谬误。

【案例】

（1）要听我说的话，你知道我哥哥是全省拳击冠军。

（2）如果你坚持分手，我会在这个城市里独自终身。

（3）"宇宙"牌啤酒，全世界的人都在喝的啤酒。

（4）你能相信他的学术观点吗？他已经离过三次婚了。

（5）爸爸走过的桥比你走过的路还多，金融专业是你最好的选择，你要相信。

（6）你能证明外星人存在吗？你不能。所以外星人不存在。

（7）你能证明外星人不存在吗？你不能。所以外星人存在。

（8）每次我打开邮箱都会收到一些参加抽奖活动的邀请，每次我会填好报名表及时回复，看看能否中奖。由于中奖的概率是确定的，我估计我就快要中奖了，因为我到目前为止还没有中过奖。

（9）医生对患者说："你这种病非常严重，十有九死！但你非常幸运，因为遇到了我。恰巧我之前所看到的这种患者不多不少正好有九个死掉了。"[①]

【分析】

例（1）是诉诸强力，让对方知道，不接受其结论将会受到伤害。例（2）是诉诸怜悯，试图利用对方的同情心使对方接受其结论。例（3）是诉诸公众，使对方认为其他人也支持他的结论。例（4）是人身攻击，妄图通过攻击论证者本人而瓦解他的论证。例（5）是诉诸不胜任的权威，用缺乏专业话语权的权威支持自己的结论。例（6）和例（7）是诉诸无知，因为未找到证据就断言结论为假，或未发现反例就断言结论为真。例（8）和例（9）是诉诸无知，根据一个独立事件最近出现的概率未达到平均概率，推断将来它出现的概率会超过平均概率；或根据一个独立事件最近出现的概率超过的平均概率，推断它将来出现的概率会低于平均概率。

费翔落魄了："不充分"的谬误

论据和论点一定程度相关，但论据不足以推出论点。

小 A 这学期期末考试一定能进前十名，这是他父母提出的要求。为了小 A 上学更方便，他们把家搬到了学校附近，母亲还辞去了工作。

应该说，父母提供怎样的条件与小 A 的学业成绩是相关的，但仅凭父母提供条件是支持性的，就断定小 A 学业成绩有提高，显然论据是不充分的。父母创造了对小 A 有利的学习条件一定能转化成小 A 的学习效果吗？如果小 A 无动于衷呢？产生逆反心理呢？甚至还有可能的是，小 A 因为家庭投入成本过多，期望值要求过高，从而产生焦虑心理，致使成绩下滑……

【案例】

雍正六年四月初三，陕西棉花贩子秦泰途经河南地界，装有 170 余两白银

---

① 武宏志：《批判性思维》，高等教育出版社 2016 年版，第 201 页。

的包裹不慎掉落。当地老农翟世有捡到送回，且拒绝接受酬谢。雍正帝闻奏后下旨称："孟津翟世有之事，乃风俗转移至明徵，国家实在之祥瑞，朕心甚为嘉悦，田文镜化导奖劝之功，于此可见。"

【分析】

如果雍正帝仅凭这一件事就做了这么大一个结论，实在是有点儿过头了。但是在当时却得到了广泛认同，除了皇帝的威权在起作用外，他的论据和论点表面上相关度极高也是一个因素。有时，论据和论点表面相关度高，但实际支持度却很低。这是要特别注意的。

【案例】

莎伦·白琳和马克·巴特斯比在《权衡》一书中举了这样一个例子：

让我们想象一个这样的案子，比尔被指控使用梯子爬到一所公寓的二楼阳台上，然后通过未上锁的门潜入屋内，偷走了一台电视机。对于认定他有罪来说，人赃俱获将具有很强的证据力（尽管那也不是决定性的）。另外，如果我们发现，比尔有过爬公寓二楼破屋而入的前科，你可能认为这也是一个相关的证据。然而，这样的"类似的事实证据"通常不允许被作为呈堂证供，并不是因为它不相关，而是因为它过于有说服力了。一个陪审员听到被告曾经有过类似的犯罪记录，会非常倾向于认为这样的证据是有说服力的。然而，从证据力的角度来看，这个证据是很弱的，因为比尔的这种犯罪方式是很常见的，其他人也可能采用。他被指控的犯罪不仅跟他过去的犯罪类似，而且也跟很多其他人的犯罪类似。因为这个证据的说服力远远超出证据力，所以，法庭一般禁止呈现这样的证据。

【分析】

案例很好地说明了有些论据与论点之间表面上相关度高，但实际支持度却很低。

典型的"推不出"的推理或论证错误有以下几种。

轻率归纳：依据个别现象或非代表性样本得出一般性结论，这是人们最容易犯的论证错误。

【案例】

《58岁费翔如今演出都在小县城 淋雨唱歌 满脸疲惫》一文显示：1960年出生的费翔，现如今已经有58岁了，凭借着多年来的人气，费翔也还算有

点儿知名度，故而现如今的费翔经常出入于小县城里面唱歌。这不，某次费翔又去一个小县城里开演唱会了……①

【分析】

通过费翔某一次去小县城里开演唱会，得出"费翔如今演出都在小县城"的结论，这就是典型的轻率归纳或轻率概括。

不当类比：在事物之间相似度不高或属性之间相关度不高的情况下进行的类比。

【案例】

（1）三角形是最稳定的结构，那么三角恋也一样。

（2）顾客吃完牛肉面后问老板："你们家牛肉面咋没牛肉啊？"老板回答："你见过哪个人吃老婆饼能吃出老婆的！"

【分析】

在例（1）中，"三角恋"是指三个人之间的缠绵爱情，是一男两女，或一女两男同时建立的不正常的恋爱关系。将感情的"三角"与几何图形的三角形进行类比，事物的相似度或属性之间的相关度几乎没有。例（2）将"吃老婆饼能不能吃出老婆"与"吃牛肉面能不能吃到牛肉"混为一谈，机械类比，纯属强词夺理。

假因果：因时空接近或一致就认为有因果关系；同一原因的两个结果误以为有因果关系。

倒因为果：多因一果的情况下，把一个或部分原因作为全部原因。

【案例】

（1）A 同学早读来迟，被老师训斥了一顿，并被说："你看看 B 同学，他家比你远那么多，还能来这么早。"A 同学心情很差，B 同学试图安慰他，没想到 A 却说："就是因为你来这么早，我才会被老师骂的！"

（2）核电厂代言人：政府不能关闭核电厂，人均寿命长的国家人均能耗都很高。

（3）人类的平均寿命越来越长，应当感谢无私奉献的医生，他们竭尽全

---

① http://news.ifeng.com/a/20180214/56050540_0.shtml.

力保障别人的健康。

（4）某新闻标题：厅官出事前现端倪，原来栽在了司机身上。（难道不是栽在自己犯法上吗？）

【分析】

综合上述案例：A 同学把自己挨批评的原因归结为 B 同学来得早；核电厂代言人把人均寿命长的原因归结为能耗高；把人类平均寿命越来越长归结为医生竭尽全力保障别人的健康；厅官出事归结为司机，这些都是错误归因的典型案例。

滑坡谬误：结论的得出依靠的是靠不住的连锁反应。该谬误常常使用连锁因果推论，夸大每个因果环节的强度，或者由于这些因果环节多数不是必然的，连在一起概率就更小，因而最后的结论就变得不合理。

【案例】

（1）某君非常贫穷，有一天，捡到一个鸡蛋，便高兴地告诉妻子："我发财了。"妻子不解，某君便对妻子说："你听好，我打算借一只鸡来孵这个蛋，孵出鸡后，鸡又会生出许多蛋。许多蛋就会孵出许多鸡，许多鸡将下无数个蛋，无数个蛋能换来数不清的钱，到那时，我们就发大财了。"

（2）不读书的人没文化，没文化的人不讲道理，不讲道理的人就会激化社会矛盾，社会矛盾激化就会引发战争；所以，为了避免战争，应该把不读书的人判刑，这是为了挽救更多的人。

【分析】

在例（1）中，某君将蛋生鸡，鸡生蛋，再生出更多的鸡和更多的蛋，换来数不清的钱这些靠不住的连锁论据，得出要发大财的结论，其不断滑坡，流于荒唐。例（2）从"没文化"到"不讲理"，从"激化社会矛盾"到"引发战争"，最后到"把不读书的人判刑"以"挽救更多的人"，这些没有必然联系的环节强加于结论，其谬误连篇，让人难以置信。

虚假两难："不当预设"的谬误 ▶▶▶

这类谬误的共同点就是在论证中隐藏了不正当的假设，常见的有以下三种情形。

假二择一：明明存在多种可能性，却说成只有两种，迫使对方作出自己所希望的选择，这称作"假二择一"，也可以称作"虚假两难"。

【案例】

20 世纪，美国一些人为反对另一些不支持越南战争的人而张贴了这样的标语：

"美国：热爱它，要么离开它。"

【分析】

首先，这种把爱国和支持越战捆绑起来的做法是一种道德绑架。

其次，是否支持越战和是否离开美国，人们可以有多种选择，说话人却只给出两种选择，目的是迫使那些不想离开美国的人支持越战。

"热爱它，要么离开它"的完整表述其实是：

要么留在美国支持越战，要么离开美国不支持越战。

是否留在美国和是否支持越战，组合起来有 4 种可能性，列出表 8.2 一看即知：

表 8.2　留在美国与支持越战可能性分析表

	支持越战	不支持越战
留在美国	①留在美国且支持越战	②留在美国但不支持越战
离开美国	③离开美国但支持越战	④离开美国且不支持越战

也就是说，这个标语屏蔽了②、③，给出了①、④，目的在①。

复杂问语：问题中包含一个错误的假定，一旦回答这个问题，无论是肯定还是否定，都等于承认这个假定。

【案例】

你是否已经停止了对我的诽谤？请回答"是"或者"不是"！

【分析】

"你是否已经停止了对我的诽谤"这个问题，隐藏着一个前提：对方此前一直在诽谤说话人。对方的回答无论肯定还是否定，都意味着承认这个前提。而这个前提是虚假的。可以把这种错误叫作"复杂问语"。

严格而言，复杂问语不是论证，而是一种诡辩。但是一旦按其套路回答，就会支持了其所希望的断言，本质上起到谬误的"作用"。

循环论证：结论出现在前提中。

【案例】

（1）鸦片之所以能催眠，是因为它有催眠的功效。

（2）因为她觉得今天天气很好，所以她今天心情很好，所以她考试考得很好，所以她觉得今天天气很好。

（3）他是一个成功人士，所以事业有成，家庭美满，因此他是一个成功人士。

【分析】

在例（1）中，因为鸦片有催眠的功效，所以，能催眠；因为鸦片能催眠，鸦片有催眠的功效。因果循环，论证循环。在例（2）中，"天气很好""心情很好""考得很好"相互论证，结论推出前提，前提推出结论，论证循环。例（3）也是结论出现在前提中，典型的循环论证。

人体不灭："不良结构"的谬误

上面列举的谬误都需要对其语义和内容进行分析。有一种谬误，不需要考察其内容，根据其形式结构就可以判明它的谬误所在，称作"不良结构"的谬误。一般来说，"不良结构"的谬误都违反了形式逻辑，特别是演绎逻辑的要求，所以，又称作"形式谬误"。

非形式谬误需要考察论证内容和依据的相关常识才能判明。比如，貌美就会受到诱惑，年轻就会不守本分，等等。这些都不是仅凭逻辑知识可以回答的。

这里对"不良结构"的谬误做一个简单的罗列，顺便可以回顾一下前述演绎推理的内容。

充分条件假言判断否定前件

【案例】

如果把整个太平洋的水倒出，也浇不熄我对你的爱情的火焰。整个太平洋的水全部倒得出吗？不行。所以，我并不爱你。

【分析】

根据推理规则，否定充分条件假言判断的前件"整个太平洋的水倒出"，不能得出"我并不爱你"的结论。

充分条件假言判断肯定后件

【案例】

那场球赛，如果下半场换上约翰逊，就能取得比赛的最后胜利，既然取得了比赛的最后胜利，可见，下半场换上约翰逊是明智之举。

【分析】

根据推理规则，肯定充分条件假言判断的后件"取得了比赛的最后胜利"，不能得出"下半场换上约翰逊是明智之举"的结论。

必要条件假言判断肯定前件

【案例】

泳池规定，不戴泳帽不能进入游泳池，没有深水合格证者不能进入深水池。小张被拒绝进入深水池。

小张："我有深水合格证，为什么不能进入深水池？"

【分析】

根据推理规则，肯定必要条件假言判断的前件"有深水合格证"，不能得出"能进入深水池"的结论。

必要条件假言判断否定后件

【案例】

美国有一位萨克斯管的演奏家 Kenny G，对这种乐器的爱好者讲他的成功之道时，说："必须不停地练习，成功的大门才会为你打开。"有评论家认为此话不可信，说："世界吹这种萨克斯管者，岂止 Kenny G 一个人？为什么他能登上王者的高峰，而无数演奏这种乐器的其他人，却只有高山仰止的份呢？难道仅仅因为有'不停地练习'吗？"

【分析】

根据推理规则，否定必要条件假言判断的后件"成功的大门会为你打开"，不能得出"没有不停地练习"的结论。所以，评论家的观点是错误的。

相容选言判断的肯定

【案例】

（1）国足在世界杯预选赛中失利，或是赛前准备不充分，或是集中训练时不够扎实。国足这次集训时不够扎实，失利的原因不是赛前准备不充分。

（2）小白是教师或者是律师，她是教师，所以，她不是律师。

【分析】

根据推理规则，肯定相容选言判断的一部分支判断，不能否定另一部分支判断，两个案例都犯了同样的错误。

联言判断误推

【案例】

（1）听说小 C 并不是高富帅，那么，小 C 一定既不高也不富，而且相貌平平。

（2）听说小 C 并不是高富帅，小 C 确实不高也不富，那他一定挺帅的。

【分析】

例（1）的前提是一个联言判断的否定判断（负判断），根据德·摩根定律，可以推出一个相容的选言判断，但不能推出一个联言判断。例（2）根据德·摩根定律，推出了一个相容的选言判断，但通过肯定一部分选言支，进而否定剩余的选言支，这又违反了相容选言推理的规则。

直言判断不当换位

【案例】

人有大脑，有大脑的是人。

【分析】

人是有大脑的，但以此为前提进行换位法推理，只能得出"有些有大脑的是人"的结论。否则就会违反在前提中不周延的项在结论中也不得周延的规则，会犯"不当换位"或"词项扩大"的错误。

直言判断不当换质换位

【案例】

（1）没读过书的都不是写过论文的，因此，没写过论文的都不是读过书的。

（2）有些没写过论文的是读过书的，因此，有些没读过书的是写过论文的。

【分析】

例（1）从前提出发，通过换质、换位、再换质只能推出"有些没写过论文的都不是读过书的"的结论。例（2）从前提出发，通过换质、换位、再换质貌似可以推出"有些没读过书的是写过论文的"的结论。但根据"特称否定判断不能进行换位推理"这一定理，论证不能成立。

【练习】

根据分析，请读者将两个案例的具体步骤详细写出来。

三段论中项两次不周延

【案例】

空气都是透明的，玻璃是透明的，因此，玻璃是空气。

【分析】

在案例中，作为三段论的中项，"透明的"在两个前提中都作肯定判断的谓项，一次都不周延，这就违反了"中项在前提中至少要周延一次"的规则，犯了"中项不周延"的错误。

三段论词项不周延变周延

【案例】

（1）狗是宠物，猫不是狗，因此，猫不是宠物。

（2）猫是猫科动物，猫是哺乳动物，因此，哺乳动物是猫科动物。

【分析】

在例（1）中，大项"宠物"在前提中作肯定判断的谓项，不周延，在结论中作否定判断的谓项，周延了，犯了"大项扩大"的错误。在例（2）中，小项"哺乳动物"在前提中作肯定判断的谓项，不周延，在结论中作全称判断的主项，周延了，犯了"小项扩大"的错误。

三段论双否定前提

【案例】

哺乳类动物不是鱼，有些鱼不是鲸鱼。因此，有些鲸鱼不是哺乳类动物。

【分析】

在案例中，三段论的两个前提都是否定判断，这就违反了"至少有一个前提是肯定判断"的规则，犯了"前提不肯定"的错误。

四概念

【案例】

物质是不灭的，人体是物质，所以，人体也是不灭的。

【分析】

在案例中，作为三段论的中项，"物质"在大前提中是一个集合概念，在小前提中是一个非集合概念，加上"不灭的"和"人体"，出现了四个概念，所以，不能进行三段论推理。

反咬一口："不利于交流"的谬误

将论证用于交流，就必须另外遵守一些规则，例如，清晰性原则、一致性原则、尊重性原则、开放性原则等，违背这些原则的典型谬误有以下几种。

歪曲观点：把对方的观点 A 歪曲成观点 B，然后再攻击观点 B。这类谬误有一种形象的称呼叫作"稻草人"。其论证的过程就好像制造出一个稻草人，然后再把这个稻草人击倒。

【案例】

"不敢想象爱因斯坦等先贤没有批判性思维。"

"爱因斯坦何止有批判性思维，他还有创新性思维、科学思维、逻辑思维、数学思维……为什么仅仅拿批判性思维说事？"

【分析】

质问者一上来就说"爱因斯坦何止有批判性思维"，似乎对方的意思是"爱因斯坦只有批判性思维"，但说话人意思分明是"爱因斯坦有批判性思维"。"S 有 P"一点儿不排斥 S 还可以有 M、N、Q 等。质问者列出的种种思维根本不能构成对这一判断的反驳；但如果把原意歪曲成"爱因斯坦只有批判性思维"，情况就不一样了，随后列出的每一种思维都构成了"有力反驳"。

可以看出，歪曲对方观点的一个狡猾的做法是，不完全改变对方观点的内容，而是将对方观点夸大其词，加大（或减少）程度，放大（或缩小）后果，扩大（或窄化）范围。

偷换论题：所谓偷换论题，就是把讨论的焦点转移到另一个话题，从而逃避质疑或攻击。

【案例】

"怎么这么迟回家？"

"怎么老是挑我毛病？"

【分析】

问话人发起的话题是"迟到的原因"，答话人并未正面回答，反而发起了另一个话题"为什么老是挑我毛病"。如果两人就此开始讨论问话人是不是喜欢挑毛病、挑的是不是毛病、为什么要挑毛病等问题，答话人的目的就基本达到了。

"歪曲观点"和"偷换论题"都违反了"同一律"。歪曲观点往往是放大或者缩小对方观点；偷换论题则更多是发起一个不同的但更能吸引人们注意力的话题。

混淆：包括混淆语义、混淆对象、混淆标准。

混淆语义

【案例】

某人去餐馆吃饭，点了碗面条。面条上来之后，他说突然不想吃面条了，想换包子。服务员给他换了包子。他吃完包子就走，服务员说你还没付钱呐，他说我的包子是拿面条换的啊，服务员又说你的面条也没付钱呐，他说我又没吃面条。

【分析】

"换"可以理解为"交换"，也可以理解为"调换"。如果是交换，当然不必付钱，但他并没有拥有对面条的所有权，所以，只能是"调换"，不付钱是不行的。

混淆对象

【案例】

某市承办亚运会期间，该市一位市民发布微博：你们（外地人）不能一边骂我们亚运会办得不好，一边跑过来把我们的票抢光，你们（这些外地人）不能一边跑到我们的地铁上把我们市民的位置都抢光，一边又说我们的交通不好。

【分析】

该微博得到一片叫好，但博主和支持者可能没有意识到，抢票的人和批评的人，很可能不是一批人。

混淆标准

【案例】

梅兰芳先生的戏男女都爱看，男人爱看因为演的是女人，女人爱看因为演员是男人。

【分析】

这段话看似有理而且俏皮，好像都坚持了"异性相吸"的原则，但其实暗中游移了标准：判断男人爱不爱看时，着眼点的是角色；在说女人爱不爱看时，着眼点是演员。因此，别人完全可以反过来说："梅兰芳先生的戏按理说谁都不爱看，男人不爱看因为是男的演的，女人不爱看是因为演的是女人。"两个矛盾的说法恰恰支持了一个观点：人们爱不爱看，说到底还是因为素质和演技。当然，如果持前一种说法的人证明了男人只关注角色，女人只关注演员，这就是另外一回事了。

反咬一口

当 A 指出 B 的问题时，B 指出 A 也有类似问题，却不直接否定和举证，也不承认或解释。B 的这种做法可以称作"反咬一口"。

【案例】

妈妈："你看你让妈妈做这么多事情，也想不到自己承担一点儿。"

女儿："爸爸在家时你做多少事情啊？"

【分析】

在日常生活中，女儿的回击是非常有效的，但事实上，妈妈的和爸爸的分工究竟如何，和女儿的对错并无关系。

"反咬一口"的套路也可能是这样的：当 A 指出 B 的问题时，B 指出 B 的优点。

【案例】

妈妈："你看你让妈妈做这么多事情，也想不到自己承担一点儿。"

女儿："想想我对你多好，亲爱的妈妈，上个月我送给你的生日礼物你有多喜欢，忘了吗？"

【分析】

女儿对妈妈这样另辟蹊径的"反咬一口"，可能更容易迷惑人。

【案例】

1984 年，乔治·布什和丹·奎尔搭档竞选美国总统，有人指出奎尔曾逃避赴越南服兵役。布什"反驳"说："有些事实谁也不能抹杀：他没有逃往加拿大，他没有烧掉应征卡，也肯定没有烧过美国国旗！"

【分析】

布什的一番话，有没有回应对奎尔的质疑？面对质疑，布什或者指出对方所指并非事实，或者指出奎尔此举情有可原，或者老老实实承认奎尔的履历不够完美。然而，他却说了一番和奎尔是否赴越南服兵役毫无关系的话。布什列举的一切可能都是真的，但并不能合理解释奎尔不服兵役的原因。但是，一部分听众却被打动了！

无视反证

根本不考虑、不回应对方的举证。

【案例】

甲："有很多研究表明，经常爬楼梯会导致膝盖磨损。"

乙："我不管什么研究不研究，楼梯摆在那儿，就是让人爬的。"

【分析】

甲提出了"经常爬楼梯会导致膝盖磨损"，乙却完全无视对方的意见，是强人所难。

抓小放大

忽视对方论证的基本意思，抓住细枝末节做文章。

【案例】

医生："对你来说，最好的运动是步行，只要能步行，就不要开车。比如，和开车相比，你步行去上班更加有利于降低血脂。"

患者："可是我失业了啊！"

【分析】

患者对医生的回应就是无视对方论证的基本意思，忽略重点，避重就轻。

两可两不可

在同一思维过程或表述中，两个相互矛盾的判断不能同真，也不能同假，如果同时肯定或否定，就犯了"两可"或"两不可"的错误，可以简称为"模棱两可"。

【案例】

（1）我们处在奔向理想的不可逆转的潮流中，但这可能会改变。

（2）这篇文章的观点不能说是全面的，也不能说是不全面的。

【分析】

在例（1）中，先说"不可逆转"，又说"可能改变"，这是自相矛盾的。在例（2）中，其观点要么是全面的，要么不是全面的，两者必居其一，不能同时否定。

以上列出的谬误类型只是生活中最常见的，实际上，被理论家总结的谬误远不止这些。最早系统研究谬误的是亚里士多德，他在《工具论》中列出第一份谬误清单，包含了 13 种谬误。时至今日，类似的清单已经数不胜数，很多清单列出了几十种甚至上百种谬误。我们并不需要把每一份清单都审查一遍，这其中有大量的重复和交叉，它们主要的区别在于分类标准和命名。

8.7　银色马论证：挖掘前提

谬误的根本问题在于，从前提推不出结论，从论据推不出论点，说到底，就是理由不充分。要使推理有效、论证有力，还要注意挖掘前提，在论据上做文章。

福尔摩斯的逻辑：挖掘隐含前提

没有说出来的论据就是隐含前提。

【案例】

在柯南道尔的《银色马》中，主人公福尔摩斯有这样一段话：

"马厩中有一条狗，然而，尽管有人进来，并且把马牵走，它竟毫不吠叫，没有惊动睡在草料棚里两个看马房的人。显然，这位午夜来客是这条狗非常熟悉的人物。"

【分析】

福尔摩斯的这段话是一个论证。仅凭表述出来的论据足够推出论点吗？如果不够，还缺些什么呢？

这一段论证的论点是最后一句，意为：牵走马的人是狗熟悉的人。主要论据有两个：①狗毫不吠叫；②没有惊动睡在草料棚里两个看马房的人。论据②直接支持论据①，论据①直接支持论点，如图 8.12 所示。

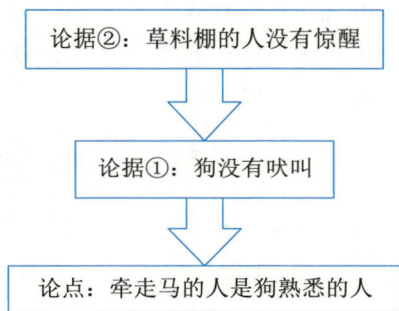

图 8.12　"银色马"论证图 1

然而，这个论证在推理上是不完整的，有必要进行"推理完形"："狗没有吠叫"不足以推出"牵走马的人是狗熟悉的人"，他们之间还少了一个充分条件命题——"不熟悉的人牵走马，狗会吠叫"；"草料棚的人没有惊醒"也不足以推出"狗没有吠叫"，它们之间还少了一个"狗吠叫会惊醒草料棚的人"。

这两个论据对推出论点必不可少，但又因为种种原因论证者没有表述出来，可以称之为隐含前提。加上了这两个隐含前提，整个论证的推理结构就完整了——两个连锁的充分条件否定后件法的推理。

也就是说，通过推理完形，我们发现了论证的隐含前提，如图 8.13 所示。

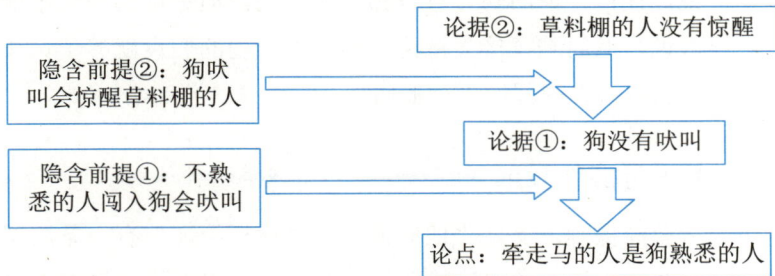

图 8.13　"银色马"论证图 2

　　一旦发现了隐含前提这回事，就一时停不下来了。你会发现，论证省略的隐含前提何止一个两个。如果对福尔摩斯的论证再进一步追问，你会发现还有其他的隐含前提，例如：那只狗当时必须在马厩，而且它没有睡着（或处于其他非正常状态），或者睡着了也非常容易被响动惊醒；当时确实有两个人在草料棚，他们听觉正常、意识清醒或容易唤醒，并且一定会如实地反映相关情况；草料棚在狗叫声的有效传播范围内；未曾有其他任何人反映当时听到该马厩的狗叫；等等。这些前提，只要有一个不成立，论点就值得怀疑。

　　你会发现一个论证没有说出来的论据太多太多。现在暂且将它们分成两类：一类是直接支持论点或分论点的，就叫作隐含前提；另一类是支持论据或其他隐含前提的，就叫作隐含假设，如图8.14所示。

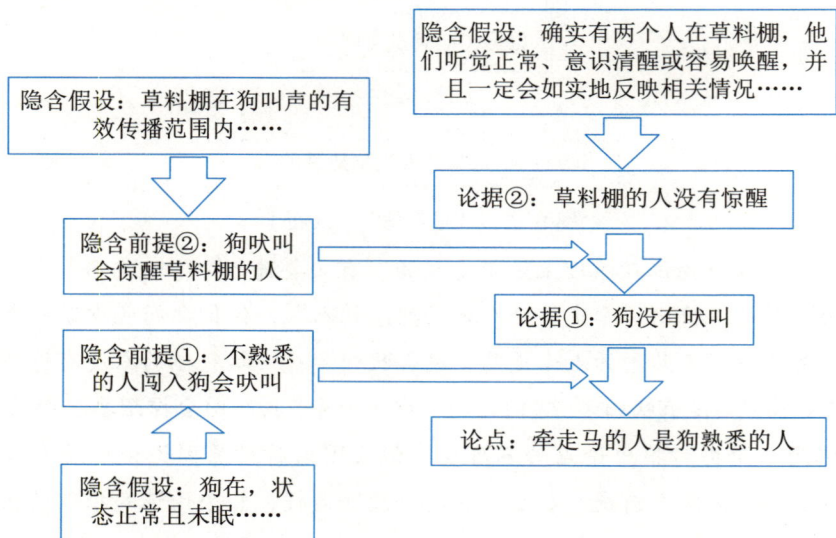

图8.14　"银色马"论证图3

　　从理论上说，任何论证的隐含假设都是无穷的，但论证的考察不能一直进行下去。一般来说，追问到直接支持论据和隐含前提的假设就够了。如果仍然疑惑不决，也可以对假设的假设进行追问。

药物合法：考虑可能的反驳

　　本章第一节曾经提到，支持"地球说"的"桅杆论证"有一条深层次的假设——"光沿直线传播"。类似这样深层次的假设，仅仅靠"推理完形"是不容易发现的，但如果试着考察反驳或假想反驳，往往会得到一些启发。

把需要挖掘隐含假设的论证命名为 Q，可以通过考虑 Q 的反例来发现其隐含假设。一般来说，反例是显而易见的话，Q 的隐含假设中可能有对这些反例的排除；也可以考虑对立观点有可能采用什么论据，再想一想论证 Q 有没有可以化解该论据的隐含假设。

【案例】

我们不应该允许消遣用的药品合法化，因为非法的药品引起了太多的街道暴力和其他犯罪行为。

【分析】

如果进行逻辑推理，可能只能得到"我们不能接受暴力或其他犯罪的增加"这样的隐含前提。

想一想，反对观点——应该允许消遣用的药品合法化——的论据有哪些？个人自由，国家税收……如果这些论据并非无中生有，那么论证者隐藏假设很可能是"公共安全比增加一点儿税收以及个人自由重要"，如图 8.15 所示。

图 8.15　"药物合法"论证图

当然，反对观点的论据还有可能是"消遣类药品非法化可能会导致与买卖该类药品相关的犯罪行为增加"之类，这有可能是论证者的盲区，也有可能带出其他的隐含假设。

用搜寻隐含前提和假设的办法，可以窥见论证者内心深处的价值观，这往往需要深入追问。

【案例】

以下是一道高考作文题材料：

这是一个发生在肉类加工厂的真实故事。

下班前，一名工人进入冷库检查，冷库门突然关上，他被困在了里面，并在死亡边缘挣扎了 5 个小时。

突然，门打开了，工厂保安走进来救了他。

事后有人问保安："你为什么会想起打开这扇门，这不是你日常工作的一部分啊！"

保安说："我在这家企业工作了35年，每天数以百计的工人从我面前进进出出，他是唯一每天早上向我问好并下午跟我道别的人。"

"今天，他进门时跟我说过'你好'，但一直没有听到他说'明天见'。"

"我每天都在等待他的'你好'和'明天见'，我知道他还没有跟我道别，我想他应该还在这栋建筑的某个地方，所以我开始寻找并找到了他。"

【分析】

从命题的意图来看，最有可能的是突出工人的"教养""尊重"等，其次有可能褒扬保安的"细心""敏锐"等。

现在暂且把材料意图定位在"教养"或"尊重"上。再琢磨琢磨，这个故事是怎样说服人要有教养和讲礼貌的呢？它的唯一根据是一个有教养的人因为平时讲礼貌而在关键时刻获救，如图8.16所示。

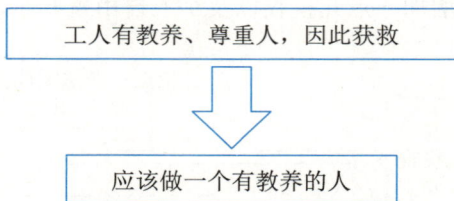

图8.16 "教养"论证图1

然而，上述前提和结论之间显然存在跳跃，那么，补上怎样的内容才能使这一推理过程变得完整呢？进一步追问就会发现这个故事隐藏着两个判断——尊重别人会给自己带来意想不到的幸运或者"好处"；我们应该做有教养的人，因为我们希望自己幸运，如图8.17所示。

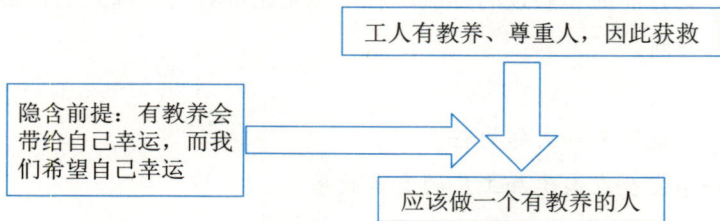

图8.17 "教养"论证图2

你会发现，这个材料提供的教养的核心理由在于教养带来幸运，没有此外一点点儿理由。

这完全符合网络上流行的道德小故事的基本模式：一次小小的善行换取了事业上的飞黄腾达，一个礼貌的举动改变了自己的命运；一种无心的呵护赢得了一生一世的爱情……但如果没有赢得爱情，没有改变命运，没有飞黄腾达呢？呵护、礼貌、善行还有没有意义呢？

不妨对这个材料再进行类似追问：有教养必然带来幸运吗？如果不能，我们就不要有教养了吗？毕竟保安的细心与敏锐不是必然的，如果他没有得救，每天的"问候"与"道别"就没有意义吗？就像"狼来了"的故事，如果始终没有真正遭遇狼呢？诚实是为了生命安全吗？德性应该用功利的结果来衡量吗？

通过这样的追问，我们已经触及粗浅分析材料不容易触及的核心观念。这一观念甚至可能命题人都没有意识到。

当然，发现这一观念并不就意味着材料的取向有错误，也不意味这材料对意图达到的结论没有支撑作用，只是意味着这种支撑是不够的，是需要设法通过补充来加强的。带着这种认识来写作文，就意味着一方面要肯定教养的外在价值，可以有道德的衡量尺度、文化的衡量尺度，也可以有利益的衡量尺度；另一方面要强调教养本身的力量。

真正的教养绝不是为了对方的善报与命运的福报，而是因为内心的愉悦与安宁，微笑、问候、礼让……这样做，本身就很美好。

8.8 《十二怒汉》：质疑与争论

用批判性思维检查隐含前提和假设，绝不仅仅是为了评判一种思想和论证，而是为了获得更好的思想和论证。与此同时，在质疑与争论中，获得更好的思想和论证也是人们追求的目标。

质疑通向新知

无论是真相的发现，还是认知的突破，往往都是始于质疑。不仅如此，理论的创新往往也始于质疑。

【案例】

1895年，苏黎世阿劳中学一位16岁少年正在思考：假如我以光速追随一束光线运动，将会看到什么情景呢？按照牛顿力学的速度合成法则，这束光线好像是一个在空间里停滞不前的振荡的电磁场。但是，按照麦克斯韦的电磁理论，绝不会发生这样的事情。

【分析】

通过这个想象，他提出了著名的"追光疑难"。这位中学生就是爱因斯坦，狭义相对论就是他对这个"追光疑难"长期思考的结果。

质疑不应是无端的，它既包括对不理解之事的好奇，还包括对不寻常、有矛盾以及令人难以认同之事的拷问。

【案例】

一个男孩被控杀死了他的父亲。证据如下。

1. 楼下的老头说，他听见楼上的争吵声，以及男孩儿喊"我要杀了你"，然后他跑向大门，看到男孩儿下楼。

2. 对面的女人说，她在家里睡觉。由于睡不着，向窗外望去，一辆电车经过，车上没有人，车内灯光昏暗。她通过电车的后两节车厢亲眼看到男孩儿把刀插进父亲胸口的时间，是12点10分。

3. 凶器是男孩儿刚买的，有卖刀老板和朋友作证，而且这把刀花案款式特别，很难买。

陪审团在漫长的讨论过程当中，有一个陪审员疲惫地摘下了眼镜。按摩着鼻梁。这个动作引起的另外的陪审员的注意。大家回忆起女人在法庭上作证的情节。她鼻梁上的凹陷证明了她是经常戴眼镜的人。而睡觉时人一般是不戴眼镜的。那么，在深夜，她无意中向窗外望去，所看到的一切可靠吗？

【分析】

以上情节来自著名电影《十二怒汉》，电影中控告男孩杀死父亲的主要证据几乎每一个都有不寻常之处，都有可疑之处。

第一，刀。致命的刺伤是从上往下造成的，而那个父亲比少年高六英寸，少年从上往下刺比自己高的父亲，可能吗？凶器也许确实少见，但也并非独一无二。8号陪审员从自己的口袋里掏出一把小刀，竟和那把凶器一模一样。

第二，楼下的老人的证言。老人作证，在卧室听见那少年喊了一声："我宰了你！"1 秒钟之后，他听见身体倒下去的响声；15 秒以后，他打开门看见那少年跑下楼梯，跑出屋子。事实上老人走得很慢，他上证人席还需要别人扶着。8 号陪审员立即站了起来，按照老人听到身体倒地时所在的卧室到打开住宅门所需要的实际时间，进行了模拟试验，试验证明，老人走出自己的房间起码要 31 秒。

第三，对面妇女的证言。妇女声称自己在床上翻来覆去睡不着然后来到窗前目击凶杀的。她是个近视眼，她翻来覆去睡不着时有可能戴着眼镜吗？她不戴眼镜看窗外时，能看清楚对面吗？

正是以上质疑，证据中的问题得以呈现出来。最后少年被无罪释放。所以说，程序公正不会凭空落实，它的落实需要对话、质疑、证明，需要一种开放的态度对待不同的观点。

图尔敏论证模型

图尔敏论证模型是由在英国成长和求学、在美国任教的逻辑学家、哲学家斯蒂芬·图尔敏提出的。该模型最初是法律论证实践概括出来的，但如果认识到它内在的思维方法，会发现它适用于多个领域。

图尔敏论证模型的主体依然是从根据到观点。这其实就像我们初学议论文，亮出观点，然后举个例子了事。这种做法的结果，往往是观点的绝对化与论证的扁平化，如图 8.18 所示。

根据 ⟹ 观点

图 8.18　图尔敏的论证模型图 1

图尔敏论证模型认为，仅有以上论证是不够的，它要求在由根据推出论点时还有相关保证，有时保证的背后还要有进一步支撑，如图 8.19 所示。

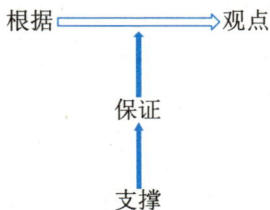

根据 ⟹ 观点

保证

支撑

图 8.19　图尔敏的论证模型图 2

但图尔敏论证模型的贡献还不仅于此。图尔敏模型还主动引入反驳，就是对论证 2 的反驳。引入反驳有两个结果：一是加强保证；二是限定观点。

由反驳引起的在原来基础上对保证的加强和对观点的限定，就构成了图尔敏论证模型完整的框架，如图 8.20 所示。

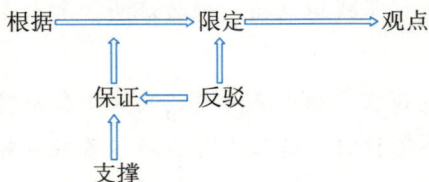

图 8.20　图尔敏的论证模型图 3

分解出以上三种论证模型，只是为了揭示图尔敏论证模型和传统论证模型的主要区别。对图尔敏论证模型的融贯掌握不应该是先有论证再有质疑和限定，而是在论证时就将质疑（包括反例）纳入思考和表述。

直面反驳，自我反驳

图尔敏论证模型是得到广泛认可的论证模型，是否有必要牢牢记住，将其作为论证的模板，在说理和写作时一步步套用呢？

图尔敏论证模型革命性的贡献在于主动引入反驳，它和传统论证模型的根本不同就在于这一点。因此，学习图尔敏论证模型，一般没有必要照搬照套其论证框架。既然该模型的精华在于质疑，就应试着在思考和论证的过程中主动积极面对反驳甚至自我反驳。人们会自觉地对观点进行保护性修正，对论证框架进行细化，甚至突破原有框架，形成新的认知。

归纳推理有一个基本前提就是"未遇反例"。但如果某个归纳遇到了反例，将会怎么样？该归纳的结论就会被推翻，这对该结论的信徒来说不啻是灾难。罗素笔下的火鸡遭遇的正是这样的灾难。

但对于积极的思考者和探索者而言，反例不仅不是灾难，而且还是机遇。就拿海王星的发现和爱因斯坦提出水星近日点运动是广义相对论效应来说：天王星"出轨"一开始被认为是万有引力定律的反例。但笃信万有引力定律的人却认为，被颠覆的不应该是万有引力定律，而应该是当时对太阳系行星数量的认识。这是因为天王星理想轨道的计算有两大因素：万有引力定律和太阳系已知星体。如果天王星理想轨道和实际轨道不吻合，就有可能是万有引力定律出了问题，也有可能是对太阳系的星体的认识不全面。

据此，亚当斯和勒维烈推测了海王星的存在并预言它在某一时点出现的位置，后者的预言迅速被天文观察所证实。这被恩格斯称为"万有引力定律"的巨大胜利。不要忘记，万有引力定律的"胜利"肇始于万有引力定律的"反例"（不过，这个"反例"最后被证实其实不是反例）。

水星"出轨"，即水星近日点运动现象，现在看来才是万有引力定律的真正反例。但当时却被"获得巨大胜利"的勒维烈等人认为，这是类似天王星"出轨"一样的未知星体存在的征象，人们甚至提前将这个未知星体命名为"火神星"。然而时至今日，人们都没有找到这颗星。1915 年，爱因斯坦发表论文《用广义相对论解释水星近日点运动》，人们才意识到水星轨道近日点的运动（可能）是一种广义相对论效应。但万有引力定律是不是就此被推翻了呢？没有。人们只是对它的适用范围有了更加精确的认识。在发现万有引力定律的局限性的同时，一个更为广阔的世界图景逐渐成形，而万有引力定律也在这个图景之中找到了适切的位置。而有朝一日，这个图景也会被取代，或者部分地被取代……这就是反例的价值。正如科学哲学家波普尔所说的那样，当我们发现一百只白天鹅时，不能断定所有天鹅都是白的。相反，当我们见到一只黑天鹅时，却可以断定并非所有的天鹅都是白的。从这个意义上讲，一只黑天鹅比一百只白天鹅增加了人们对这个问题的认识，因为就是这一只黑天鹅使我们的思想开阔了。

再以人文领域的写作为例，人文领域的观点常常能找到反例，这些反例或者会加深写作者对观点的认识，或者让写作者发现观点的限定条件。

对"做事要把握好度"的论点而言，我国三国时期的司马懿对诸葛亮采取的疲军之术（想方设法变慢）和日本同期的织田信长对今川义元的"斩首行动"（不顾一切求快）看似反例，实际可以促使作者加深对"度"的认识。

以回到事实为度。不能简单地认为不要过头、学会低调、放慢脚步、防止激进就是掌握了度，更不能机械地折中，来个最高值加最低值再除以 2，相反是要根据具体情境找到最好的分寸，根据实际情况找到最佳的力道，根据形势需求找到最适宜的节奏。织田信长率 2000 人于 2 万敌军中斩取今川义元的首级，靠的就是快。为了快，他冲出城时带的第一批勇士竟不足 10 人，他只是一心想快一些再快一些；他知道，只要慢半个时辰，一切都会翻转过来。而司马懿对付诸葛亮，曾国藩（曾国荃）围困金陵城，却耐心十足，从不感慨时不我待，也不担忧天不假年。甚至朝廷一催再催，他们也沉住气，火候未到，绝不真正出手。把握度，说到底，就是实事求是，具体情况具体分析。

以"兼听则明"为论点写一篇文章，你会发现正面的材料比比皆是。尧经常到民间寻访，所以有苗统治者的恶行他能听到。舜以四方人民的耳、目作为自己的视听，所以共工等人不能隐蔽罪过。齐王广开言路，突破"宫妇左右、朝廷之臣、四境之内"的片面之词，实现了"战胜于朝廷"。李世民听取魏征的逆耳忠言，言行决策大多顺应民心……

按照以上思路写出来的文章，都被认为是所谓"观点＋例子"的扁平化文章。

那么，如何对论点进行限定，对论证进行细化，以此来规避或解释下列质疑呢？

（1）确定中心论点：兼听则明。

（2）剖析原因：突破局限，拓宽视野。

（3）指出关键：在"多"，更在"异"。

（4）限定前提：听者有胸怀、善辨别。

（5）总结原则：独立思考，为我所用。

仅仅几则反例，就促使人思考"兼听则明"的内在机制和前提条件。这也说明了波普尔所谓的"黑天鹅使我们的思想开阔"在人文领域同样适用。

"洗脑"和批判性思维最大不同在于：前者只允许一种观点，想方设法屏蔽其他观点；后者允许质疑，允许反驳，允许不同观点，甚至主动引入竞争性观点。质疑与争论是批判性思维的核心，也是真理的试金石。

【练习】

请找出反例，对下列判断进行质疑。

（1）"三人市虎""父子骑驴"，即听了越多越糊涂，怎么解释？

（2）为什么齐王听了宫妇左右、朝廷之臣、四境之内的评价还不够，而李世民有时听魏征一个人的就够了？

（3）要听多少人的才叫兼听？兼听则明的内在机制是什么？

聚焦基础教育逻辑教育教学研究 ①

　　编者按： 逻辑学研究和逻辑教育教学研究日益受到重视。中国社会科学网近日围绕基础教育教学研究等相关问题采访了四川师范大学教授、中国逻辑学会逻辑教育专业委员会副主任林胜强。适逢教育部网站 11 月 25 日发布《对十三届全国人大三次会议第 2825 号建议的答复》，公布教育部经商中国科协答复"关于在我国全民普及逻辑知识的建议"的具体内容，受到学界广泛关注和讨论。据悉，教育部、中国科协将继续加强逻辑知识教育和普及工作，加强逻辑学相关专业建设、课程建设和教材建设，强化教师队伍建设，更好地加强逻辑学知识普及，提升全民逻辑素养。

　　逻辑学是重要的基础性学科，逻辑教育教学研究近年来日益引起学界和相关部门重视。中国社会科学网记者近日走进四川师范大学，围绕相关问题采访林胜强教授。在他看来，如果把整个逻辑学事业比喻为一座金字塔，那么，中小学逻辑教育教学研究就是这座金字塔最坚实的基础。逻辑教育工作者要与相关各界携手努力，凝聚力量，推进工作，让全社会形成重逻辑、重理性、讲逻辑、讲道理的社会风尚。

　　中国社会科学网： 您长期在高等师范院校从事逻辑学教育教学研究，可否从基础教育视角谈谈推进逻辑学研究，特别是基础教育逻辑教育教学研究的价

---

① 曾江、赵徐州：聚焦基础教育逻辑教育教学研究 https://www.cssn.cn/jyx/jyx_xskx/202209/t20220913_5493101.shtml

值和意义？

林胜强： 从宏观上说，逻辑学研究包括纯科学研究和应用研究。在逻辑应用研究领域，逻辑教育教学研究，特别是中小学逻辑教育教学研究是一个重要组成部分，目前应该说还明显没有得到足够重视。

作为一门基础科学，逻辑学在高度信息化、数字化、智能化和现代化的今天的作用，与历史上任何一个时代相比，都显得更加突出，因而，逻辑学的研究也愈加显示其重要地位。作为逻辑应用或应用逻辑研究重要组成部分的中小学逻辑教育教学研究，也理应受到学界和政府相关部门的高度重视。习近平总书记指出，"青年时期是培养和训练科学思维方法和思维能力的关键时期，无论在学校还是在社会，都要把学习同思考、观察同思考、实践同思考紧密结合起来，保持对新事物的敏锐，学会用正确的立场观点方法分析问题，善于把握历史和时代的发展方向，善于把握社会生活的主流和支流、现象和本质。要充分发挥青年的创造精神，勇于开拓实践，勇于探索真理。养成了历史思维、辩证思维、系统思维、创新思维的习惯，终身受用。"所以，加强以培养和提高中小学生逻辑与科学思维能力、获得他们所需要的逻辑思维工具为宗旨的逻辑教育教学及研究，是值得逻辑工作者，尤其是逻辑教育工作者特别关注的课题。

中国社会科学网： 谈谈您对如何推进基础教育逻辑教育教学相关问题的研究和思考？

林胜强： 我认为，要攻克中小学逻辑教育教学研究这道关，首要的问题是要解决好中小学逻辑学课程的设置以及认真贯彻落实新课程标准的问题。现在，中小学的课程设置和新课程标准中，除了高中阶段开设《逻辑与思维》这门选择性必修课，通过专门的逻辑与科学思维训练，引导学生掌握逻辑与科学思维的基本要求，把握逻辑思维方法，提高逻辑思维能力，并能运用逻辑思维探索世界和认识世界之外，语文、数学、外语、物理、化学、生物、历史、地理等学科都将逻辑推理、逻辑思维能力作为学科核心素养的重要内容，希望通过各学科的学习，不同程度地掌握逻辑推理的形式和规则，学会有逻辑地思考问题、发现问题、提出问题，把握事物之间的逻辑联系和事物发展的基本脉络，形成有条理、重论据、重逻辑的思维品质和理性精神。《逻辑与思维》课程设置的推进以及其他各学科新课程标准的贯彻落实，无疑会给基础教育逻辑教育教学和研究工作打开局面奠定良好的基石。

　　但是，当前情况和面临的问题是：开设逻辑学课程的老师从何而来？各学科教师的逻辑专业知识和逻辑素养的培育如何进行？由于担负着广大中小学教师培养任务的师范院校逻辑学师资严重短缺，不少师范专业的学生没有条件接受专业的逻辑知识的学习和逻辑思维的训练。据我所知，有些师范院校的相关专业，本应开设逻辑学课程，向未来的中小学教师传授必要的逻辑学知识，进行专门的逻辑思维技能训练。但由于缺乏师资或其他不重视的理由，不按规定开设逻辑课程，或者勉强开设，继而停掉。这就势必导致未来大量中小学教师逻辑知识和技能以及逻辑素养的缺失。在这种背景下，连比较专业的任课教师都成了问题，逻辑学课程又如何开设？中小学教师逻辑知识和技能以及逻辑素养的缺失，各学科新课程标准关于逻辑核心素养培育又怎么能落地？所以，如果不能够及时有效地改变中小学逻辑教育教学的这种现状，中小学逻辑学课程的设置以及新课程标准的贯彻落实问题，恐怕很难得到解决，即使勉强坚持，恐怕也难以达到预期目标。试想，中小学逻辑教育教学的这种现状，又怎么能促进基础教育逻辑教育教学研究的开展？

　　中国社会科学网：在您看来，进一步促进基础教育逻辑教育教学及研究，可以从哪些方面推向深入？

　　林胜强：要改变目前基础教育逻辑教育及研究现状，真正把这一工作推向深入，虽然相关各界已做了一些工作，但还很不够，还有很多工作要做。

　　首先，要从基础教育逻辑教育教学师资问题入手，在中小学逻辑专业教师的逻辑知识的把握及逻辑素养的提升方面下功夫。

　　一方面，相关主管部门可根据情况硬性规定高等师范院校至少在思想政治教育专业必须开设不少于 48 个学时的逻辑学必修课程，为中小学逻辑专业教师的培养创造条件。我们学校思想政治教育专业几十年来一直就是这样坚持着的。

　　另一方面，由于中小学逻辑教育教学并不只是逻辑课程的任务，中小学的每一门课程（特别是语文、数学）都有责任和义务担负起学生逻辑知识的传授和逻辑素养的培育及提升的重任。因此，师范院校的中文（或汉语言文学）、数学专业，必须开设不少于 36 个学时的逻辑学专业课程，物理、化学、生物、外语、历史、地理等各专业应根据条件，尽可能开设不少于 32 个课时的逻辑学选修课程，为中小学所有其他课程教师逻辑知识的储备及逻辑素养的习得，为在各门学科中做到逻辑学的"学科融合、随课渗透"奠定扎实基础。

高等师范院校、中小学校需要大量的逻辑学教师，有关部门要制定相关政策，鼓励具有逻辑学专业博士及以上学历人员到师范院校担任逻辑学专业教师，从事基础教育逻辑教育教学研究工作。如有必要，还可以专门招收逻辑教育博士、硕士研究生，有针对性地为师范院校培养逻辑学专业教师。要鼓励逻辑学专业硕士及以上学历人员到中小学担任一线逻辑学教学及研究工作，努力加大基础教育逻辑教育教学师资及研究人员的培养力度。

有关部门可以组织高等院校、科研院所，特别是师范院校逻辑专业教师，对现有的中小学逻辑专业教师和其他学科的教师，采取分类（逻辑类、语文和数学类以及其他学科类）、分期分批培训的方式，对中小学教师普遍进行一次逻辑知识和技能培训，并利用工作室研讨、教研活动、专题讨论、集体备课等活动，把教师的目光来一次逻辑的聚焦，进而长期地推广下去。

其次，在普通高等学校招生考试、成人高等学校招生考试、初中学业水平考试以及小学毕业考试等各级各类考试中，加大逻辑学知识和逻辑综合运用的题目内容的分量，让全社会形成重逻辑、重理性、讲逻辑、讲道理的社会风尚。

最后，要发挥集体力量，组织积极性高、经验丰富、致力于基础教育逻辑教育教学的专家学者，包括中小学一线教师，把教学设计、教学方法、教学经验等教学研究成果，按照学科的不同在期刊、出版社刊登、出版，让广大中小学教师有机会学习、消化，并结合自己的教育教学实践，把中小学逻辑教育教学工作深入、持久地开展下去，把逻辑教育教学的不断深化形成常态。

中国社会科学网：中小学逻辑教育教学非常重要，请您谈谈我国中小学逻辑教育教学工作进展情况，介绍一下中国逻辑学会等组织在这方面开展的工作。

林胜强：当前，我国中小学逻辑教育教学工作已经开始受到各级教育部门、科研院所特别是高等师范院校和一些中小学校的重视，教育行政部门也组织了一批由科研院所、高等院校和中小学一线教学专家组成的团队，对逻辑学专业课程的开设、各具体学科新课程标准相关内容的制定、实施等举步维艰地开展了一系列探索性的工作，也取得了一定的成绩。

第一，最难能可贵的就是前面提到的，中小学的课程设置和新课程标准中，高中阶段开设《逻辑与思维》选择性必修课正在试点，并逐渐向全国推广。为了开设好这门课程，有关方面将组织政治课教研员或教师的培训工作（辽宁、海南等地已经进行政治课教研员培训）。不少学科将逻辑推理、逻辑思维能力作为学科核心素养的重要内容，并逐渐得到认同和落实。

第二，近年来，一批国内自己培养的逻辑学专业博士及以上学历人员，不断充实到大专院校，特别是师范院校中，使师范院校的逻辑学教师队伍逐年壮大。这就使得师范院校的思想政治教育专业及其他各专业更有条件开设逻辑学专业课程或逻辑与批判性思维的选修课程。与此同时，每一届毕业的具有一定逻辑专业知识的思想政治教育专业的本科生（也包括部分硕士研究生乃至少数博士研究生）以及其他各学科专业的本科生（包括部分硕士研究生乃至少数博士研究生）不断充实到中小学校，为逻辑学教育教学及研究注入新的活力。

第三，中小学逻辑教育教学研究方面，2017 年，中国逻辑学会本着团结全国逻辑教育学者，为逻辑教育学者提供良好的交流平台，努力发展和繁荣逻辑教育事业，为提高全民族逻辑思维素养贡献力量的宗旨，以面向基础教育，研究和推进中小学生逻辑思维的培养为主要学术方向，组织和推动中小学逻辑教育教学研究工作，多次在北京、江苏、山东、河北、四川、广东等省市的中小学校开展全国基础教育逻辑与批判性思维学术研讨，对部分中小学教师进行逻辑教育教学培训。近年来，教育部高等学校文化素质教育指导委员会设立批判性思维与创新教育分指导委员会（筹），结合中小学逻辑与批判性思维教育教学实践也开展了一些研究和指导工作，在中小学逻辑与批判性思维教育教学研究方面产生了一定影响。

图书出版和期刊杂志方面，各有关基础教育的刊物发挥了主力军作用，发表了不少研究成果。特别值得一提的是，中国人民大学出版社近年来编辑出版或即将出版的一系列中外相关著作（包括《批判性思维与基础教育课程教学丛书》），在中小学教师中产生了较大的影响。教育部高等学校文化素质教育指导委员会创办批判性思维与创新教育分指导委员会电子会刊《批判性思维与创新教育通讯》已开办近 60 期，刊发中小学逻辑与批判性思维教育教学的研究论文或教育教学经验分享，受到部分中小学教师的喜爱。

2020 年 9 月，中国逻辑学会和四川师范大学共同举办了以"中小学逻辑教育势在必行，专家学者共商大计"为主题的全国中小学逻辑教育小型高阶研讨会，对中小学逻辑教育教学进行了专题研讨。会议期间，与会专家分别就中小学逻辑教育在学生心智发展阶段和基础教育创新中的地位和作用、中小学逻辑教学的挑战和机遇、从大学生深度学习谈基础教育逻辑教育的重要性、中小学逻辑教育教学的实践和反思以及《逻辑与思维》课程开设等课题进行了广泛深入的探讨。有专家认为，这次会议在中小学逻辑教育及研究的进程中，具有里程碑意义。

如果把整个逻辑学事业比喻为一座金字塔，那么，中小学逻辑教育教学研究就是这座金字塔最坚实的基础。逻辑教育工作者应该共同携手、克服困难、凝聚共识，把中小学逻辑教育教学研究成果汇聚起来，形成系统理论，为推进整个逻辑学研究工作，为中华民族屹立于世界民族之林贡献力量。

让逻辑之花在基础教育的花园绽放

关于逻辑，联合国教科文组织总干事奥德蕾·阿祖莱在首个"世界逻辑日"的致辞中这样说道：

——因为担心失衡跌倒，我们的思想紧紧抓住逻辑这个扶手。

——不论是从亚里士多德或欧几里得、莱布尼茨或斯宾诺莎的著述中，还是从中国墨家学派到印度正理学派创始人们的典籍中，我们都能看到，逻辑研究千百年来一直吸引着数不胜数的哲学家和数学家。

——特别是在当今 21 世纪，对我们的社会和经济而言，逻辑学比以往任何时候都更为切合时宜且不可或缺。例如，计算机科学和信息与通信技术都来源于逻辑和算法推理。

可见，逻辑是何等重要！

大千世界，耳濡目染，太多太多的事和人，由于不清楚逻辑为何物，当然就不知道如何去尊重逻辑、敬畏逻辑、运用逻辑。多少人因此而跌倒，多少事灰飞烟灭。就此而言，逻辑——思维的法则，倒很像是法律——行为的规则。

多年以来，学界有一批大专院校、科研院所的专家学者和中小学一线教师，孜孜以求地致力于基础教育逻辑与批判性思维教育教学的推广和研究，"傻傻地"为之鼓为之呼，因为大家都非常清楚这一工作对于未来人才培养意味着什么。有人认为这是千秋功德，甚至功德无量的事业，关乎国家的前途和未来。终于，在教育部颁布的新课标中，逻辑占据了难得的"一亩三分地"：普通高中"思想政治""语文""数学"等均包含有逻辑知识及其运用的内容。特别是"逻辑与思维"正式成为"思想政治"的一门选择性必修课。当然，普通高中的其他课程标准，以及初中、小学的教学目标，每门课程都肩负培养和提高学生逻辑思维能力的重任。

接下来问题又出现了：绝大部分中小学教师此前并没有专业、系统地学习过逻辑学，接受过专业的逻辑思维训练，或者即使曾经学过逻辑学的教师绝大多数也早已"还给老师"。那么，中小学教师的逻辑知识储备从何而来？怎样选择逻辑读物？高中思想政治、语文、数学教师如何进行逻辑知识教学？高中的其他课程和初中、小学教师又该怎样在教学过程中实现培养和提高学生逻辑与批判性思维能力的目标？大部分中小学教师感到"群体性自卑"。

据我所知，不少教师开始"恶补"逻辑知识。他们找来一些厚厚的、艰深的大部头逻辑学教材或专著，一阵"狂啃"，其结果或因内容过多、过难，不得要领，弄得"一头雾水"，信心尽失。另一方面，他们翻阅一些通俗读物，走马观花，不对教学路子，也深感失望……他们渴望一本真正适合中小学教师学习和阅读的逻辑学读本。清华大学出版社敏感地捕捉到这一信息，及时地回应了中小学教师逻辑学习这一需求。希望摆在读者面前的这本书，可以满足广大中小学教师对逻辑学习的需要。

本书不是一本"冷冰冰的"学术专著，而是一本"有温度"的学习手册或指南。在撰写过程中尽可能站在读者的角度，充分体察读者的感受，从框架结构、内容编排、案例选材，甚至每章的导言、关键词等，都尽量避免"填鸭式"的灌输，一本正经的"说教"，而是循序渐进、深入浅出地与大家"分享"，并力求把知识点变得有趣化、生活化，便于读者更加准确、有效地掌握。对于中小学教师来说，不仅要掌握逻辑知识，更要学以致用，把逻辑学变成工具用于指导学习、教学以及生活等不同层面；不仅要能够把基本知识传授给学生，还要能够培养学生的逻辑与批判性思维素养，提高学生的逻辑与批判性思维能力。教师今天怎么"学"，很大程度上决定明天怎样"教"。这也是我们为什么花大力气编写本书的初心。

本书是集体智慧的结晶和集体劳动的成果。第8章由南京师范大学附属中学徐飞执笔，第4、6章由中国人民大学付豪执笔，第1、2、3、5、7章由四川师范大学林胜强执笔。全书最后由林胜强统稿，经多次修改、反复斟酌成稿。感谢徐飞、付豪二位同人！同时也要感谢为我们的写作提供了参考、引用的所有文献资料的作者！

中国逻辑学会会长、中国社会科学院哲学研究所杜国平教授百忙中关注本书的出版，细心审读并为本书作序，足见其对基础教育逻辑教育教学工作的重视程度。

最后特别值得一提的是，在本书的整个写作和编辑过程中，始终得到责任编辑王如月老师细致入微的指导、帮助与支持。王老师从书稿内容、版式、色彩，特别在针对性、通俗性、趣味性等方面花费了大量心血，让我们再一次感受到一个出版人的敬业与担当！没有她的辛勤付出，本书不可能顺利地呈现在我们面前。为此，我们要深深地向王老师致以崇高的敬意和最真诚的感谢！

窗外的小雨淅沥沥不停地下，祈盼逻辑理性之花在基础教育的大花园里优雅绽放！

2024 年 12 月